经典家风故事

康桥 陈旭静 编著

上海远东出版社

图书在版编目(CIP)数据

经典家风故事/康桥,陈旭静编著. —上海:上海远东出版社,2024. —ISBN 978-7-5476-2066-3

Ⅰ. B823.1-49

中国国家版本馆 CIP 数据核字第 2024MOV177 号

责任编辑 冯裴培
封面设计 李 廉

经典家风故事

康 桥 陈旭静 编著

出 版	上海远东出版社
	(201101 上海市闵行区号景路 159 弄 C 座)
发 行	上海人民出版社发行中心
印 刷	上海锦佳印刷有限公司
开 本	890×1240 1/32
印 张	5.375
字 数	121,000
版 次	2024 年 10 月第 1 版
印 次	2024 年 10 月第 1 次印刷
ISBN 978-7-5476-2066-3/B・34	
定 价	25.00 元

前言:中国的孝道与家庭教育

父母是儿童的第一任老师。家庭,作为一个人成长的基础,是至关重要的。家庭教育是所有教育的基础,是学校教育的重要补充。

古代的学校教育不够发达,那时候,家庭教育更是起到了举足轻重的作用。古往今来,感人的家教故事家喻户晓:孟母三迁、曾子杀猪、孔融让梨、岳母刺字;经典的家训流传千古:《颜氏家训》《钱氏家训》《了凡四训》;著名的家书联结古今:《诸葛亮家书》《曾国藩家书》《梁启超家书》……

传统家庭教育的核心内容是忠孝节义。

百善孝为先,孝道是中华民族几千年来一直遵循的传统美德。《孝经》里说:"孝子之事亲也,居则致其敬,养则致其乐,病则致其忧,丧则致其哀,祭则致其严,五者备矣,然后能事亲。"意思是说:一个孝子,应该是在日常生活中能够真诚地去照顾自己的父母;赡养父母要以最和悦的心情去为父母做事情;父母生病时,要以忧虑的心情来照料父母;而当父母过世,要以最悲痛的心情来料理后事;举办祭祀时要用最严肃的态度来表达对父母的追思。以上五个方面都能做到的人,才能算是尽了孝心的孝子。

孝为仁之本。所有这些家范、家则、家箴、家约,都是在劝导人们去遵崇尊老爱幼、勤奋学习、正直善良、精忠报国、勤政廉洁、节俭朴素等优良品质。于今读来,对于塑造现代人格,仍有启发意义。

古人深知,良好的家庭教育才能培养出君子。《说文解字》中提到:"育,养子使作善也。"也就是说,育人主要是把一个人教育、培养成一个品行良好的人。这也正是传承至今的中国传统教育的理念,始终贯穿着中国教育的发展历程。

千百年来,优秀的家风、家规、家训,承前启后,制定了正确的行为规范,教育了世世代代的儿女,哺育了天下无数的英才,维护了社会稳定发展,塑造了民族文化心理。

目 录

《三字经》中的家训 001
- 苏秦刺股 001
- 孟母三迁 003
- 孟母断机 005
- 负薪挂角 008
- 黄香温席 010
- 孙敬悬发 012
- 孔融让梨 013
- 囊萤映雪 015
- 五子登科 017
- 苏洵二十七岁方才学习 019

曾子杀猪：言而有信 021

孔子世家教育子女十训 023

孔子的"三恕""三思""三患" 028

田母教子：廉洁公正做官 ·· 031

孔臧教子：凡事要亲身实践 ·································· 034

刘向教子：谨慎则福至 ··· 037

王修诫子惜时 ··· 040

诸葛亮家书中的智慧 ··· 043

孟仁母教子 ·· 049

《颜氏家训》中的教育 ··· 052
  教育的初始 ··· 052
  王僧辩母教子严厉 ······································· 055
  上行下效以治家 ·· 057
  能守一职，便无愧耳 ··································· 059
  过分宠溺终致祸 ·· 061
  学艺者，触地而安 ······································ 064

元稹诲侄等书 ··· 068

《钱氏家训》中的家教 ··· 071
  个人篇 ··· 071
  家庭篇 ··· 074
  社会篇 ··· 076
  国家篇 ··· 078

司马光奉劝家人莫要依仗声势 ···························· 081

陆游教子：不必羡慕他人 083
陆游提醒：长辈对聪明孩子更要严加管教 086
江端友教子：注意口腹之欲 088
唐顺之教弟：理无二致也 092
杨继盛教子：立志且去坏心 095
袁黄教子：莫要因循不知进取 098
《了凡四训》中的家教 101
  前日之非，递递改之 101
  积善之家，必有余庆 103
  改过须：知耻心，发畏心，发勇心 105

吴麟征教子：自私是祸之根本 111
魏禧家书：聪明要用在正道上 114
康熙教子 117
  嘉彼所能 117
  知足和知止 119
  莫迁怒于他人 122

纪昀劝导儿子：切莫骄傲自大 125
章学诚主张为学贵在专一 128
邓淳告诫晚辈说话要时时小心 131

曾国藩的家庭教育 ······ 134

曾国藩的家规 ······ 140

左宗棠家训 ······ 145

  坚定自己 ······ 145

  不要以貌取人 ······ 147

俞樾：以小不好博大好 ······ 150

张之洞教子：走出去开阔眼界 ······ 153

梁启超家书数百封 ······ 157

梁启超教子观：身心健康远比学业重要 ······ 161

《三字经》中的家训

苏秦刺股

经典原文

头悬梁,锥刺股。彼不教,自勤苦。

——《三字经》

(苏秦)读书欲睡,引锥自刺其股。

——《国策·秦策一》

《三字经》中的"锥刺股",说的是苏秦(?—前284)的故事。

苏秦是战国时期有名的外交家。他自幼家境贫寒,穷困得连书都读不起,不得不边读书边设法维持生计,后来背井离乡去了齐国学艺。

学习一段时间之后,苏秦自以为已经学会了老师的所有本领,便告别了老师和同学,离开了齐国去闯荡天下。可是,出游列国的他并无所获,钱也花完了,只能穿着破旧的衣裳返回家乡。

回到家乡的时候,苏秦已是骨瘦如柴,满脸尘土,衣衫褴褛,一副狼狈不堪的样子。妻子见到他,只有摇头叹息,转头继续织布;他的嫂子看见他这副模样,心想他竟落魄到如此田地,于是扭头便走了,甚至不愿给他做饭吃;他的父母、兄弟、姊妹不但不理他,反而暗地里嘲笑他活该落得这副模样。

苏秦看到家人的态度,伤心不已。他关起房门,不愿意见人,在房里陷入深深的反省。他心想:"妻子不理丈夫,嫂子不认小叔子,父母亲不认儿,兄弟姐妹不认亲,都是因为自己不争气,什么才能都没学会,没有讨得个好生活。"

于是,他决心发愤读书。苏秦搬出了家中所有的书,从头开始读。他每天读书读到深夜,疲惫不堪时,不知不觉就伏在桌上睡着了。第二天早上醒来,苏秦懊悔不已,可又没办法能让自己不睡觉,保持清醒。

一天,苏秦正读着书,困意袭来,不自主地又扑在桌子上睡着了。忽然,他猛地惊醒,似乎是被什么东西刺到了手臂。他一看是桌子上的一把锥子。于是,苏秦忽然想到了制止自己打瞌睡的方法——"锥刺股",也就是用锥子刺自己的大腿。每次他想睡觉的时候就用锥子刺一下自己的大腿,睡意就全没了,可他的腿也因不断被刺而变得血迹斑斑。

家人见到后,心疼不已,劝说他:"你想要成功的决心我们可以理解,可是不一定要用这样的方法来伤害自己呀!"

苏秦回答说:"我要是不这样做,就会忘记自己过去的耻辱。"

经过刺痛和"血淋淋"的学习,苏秦也积累了不少学问。他再次整装出行,出发去闯荡天下了。这一次苏秦终于事业有成,也开创了自己辉煌的政治生涯。

"锥刺股"的故事告诉我们:很多时候要想做成一件事情,必须下一点狠心,虽然也不至于和古人一样去伤害自己,可是对自己严格要求也是非常必要的。古人在求学之路上的刻苦精神,才真正值得我们学习。

日积月累

书山有路勤为径,学海无涯苦作舟。

知识拓展

前倨后恭

苏秦早年游历列国,但是不得志,没办法回了家。家人私底下都讥笑他。后来,苏秦合纵六国,身佩六国相印,一时风头无两。路过家乡时,家人都匍匐在地,不敢仰视。苏秦对他嫂子说:"为什么以前傲慢,后来恭敬呢?"他的嫂子趴在地上说:"因为您地位显贵,钱财多哇!"

孟母三迁

经典原文

昔孟母,择邻处。

——《三字经》

《三字经》中的"昔孟母,择邻处",说的是孟子母亲的故事。

　　孟子(前372—前289)的父亲去世早,只有母亲一人把他抚养大。一开始,他家住在坟地旁。因为经常能看到人们在这办丧事,孟子和邻居的小孩们就时常学着大人的样子,一起跪拜、哭嚎,玩办丧事的游戏。孟子的母亲看到了,心生忧虑:"不行,我的孩子不能学这些样子。一定不能再让他住在这里了。"

　　于是,孟子的母亲带着他搬到集市旁边住下了。这里的每一天要么就是小贩杀猪宰羊,要么就是商人们恭迎客人、与客人讨价还价。过了一段时间,孟子和邻居的小孩儿又开始学着商人们每天做生意的样子玩耍,鞠躬迎接客人、招待客人,一会儿还学着和客人讨价还价的样子,简直玩得不亦乐乎。孟子的母亲把这一切看在眼里,继而又犯了愁:"看来这个地方还是不适合我的孩子住。"她决定带着孟子再次搬家。

　　这一次,他们搬到了一所学堂的旁边。在这里,每月初一都会有官员来到文庙行礼跪拜,或者做拱手礼让的样子,相互礼让进退。孟子耳濡目染,也学会了一些礼节,开始变得守秩序、懂礼貌,也渐渐开始喜欢读书了。孟子的母亲看到这景象,才满意地点头,心想:"这才是我的孩子应该住的地方。"

　　孟母为孟子的成长费尽心思,一再更换住地,就是希望居住地的周遭环境能影响孟子的行为习惯。从墓地到集市,再到学堂附近,孟母也是劳心劳力。这也反映出孟母非常重视生活环境对孩子成长和道德品质形成的影响。

　　生活环境对一个人言行举止的影响是很大的,特别是对于在成长中的孩子。孩子的行为会受到周遭事物的影响,在这种影响下形成对事物的认识,他们会不自觉地模仿所见所闻。因此,为孩子提供一个良好的生活环境,也就是为孩子提供了一个良好的成长环境。一个好的成长环境不仅可以给孩子提供良好的行为规范的参照模板,而且对塑造孩子的性格,乃至未来的言行举止、为人处世,都有莫大的帮助。

日积月累

近朱者赤,近墨者黑。

知识拓展

贤良三母

孟母和岳飞的母亲岳母、三国时期徐庶的母亲徐母被列为母亲的典范,赞为"贤良三母"。

《三国演义》中将徐母塑造成了爱憎分明、深明大义的形象。她是刘备的军师徐庶的母亲,被曹操俘获关在许昌,用来威胁徐庶为其出谋划策。徐庶得信后心急如焚,辞别刘备投向曹操。徐母一向认为曹操是汉贼,得知徐庶弃明投暗后自缢而亡。京剧传统剧目就有《徐母骂曹》。

孟母断机

经典原文

子不学,断机杼。

——《三字经》

  自孟子之少也，既学而归。孟母方绩，问曰："学何所至矣？"孟子曰："自若也。"母以刀断其织，孟子惧而问其故，孟母曰："子之废学，若吾断斯织也。"

——《列女传·邹孟轲母》

  《三字经》中的"子不学，断机杼"，说的也是孟母的故事。

  有一次，孟子放学回家，母亲问他："你学习学到哪儿了，有没进步哇？"孟子漫不经心地回答说："就跟从前一样啊。"母亲一听这话感到非常失望，就当着孟子的面剪断了织布机上已经织好的布，对他说："你学到一半就停了下来，和这块被剪断的布有什么区别，你觉得断了的布还有什么用？"

  孟子看到这一幕，被吓到了，就问母亲为什么要这样。孟母说："你荒废学业，就像这织布机上断了的布一样。那些德才兼备的人为了求得一个好的名声去读书，他们在学习中多问问题，这样才能增长知识。这样的人，平时在家能安宁度日，外出做事也能避免祸害。你今天荒废了学业，那么以后难免就要去做一些杂事，祸患就成了很难避免的事了。这和以织布为生有什么不同呢？要是我中途停下来不织了，哪还能使我的丈夫和儿子平日生活有衣服穿、有粮食吃呢？女人如果荒废了她的谋生手段，就不再能让家里吃上粮食；男人如果不再注重自己的道德修养，从此堕落，那么这一家人不去做强盗小偷也只有去做苦役了。"孟子听了，特别害怕变成母亲口中那样的人。从此，孟子从早学到晚，以子思为老师，最后成了一个非常有成就的人。

对于很多人来说,懒惰和举步不前是成功路上最大的绊脚石。做了一半的事情往往因为惰性就搁浅了,无疾而终。孟子的母亲教导他,做事情不能半途而废,若是做到一半停滞了,那跟没做没什么两样。

有这样一幅寓意深刻的图:一个人在挖金矿,在离挖到金矿只有一墙之隔的时候就放弃了,挖矿的人背着铁锹转身回去,放弃了继续挖矿,因为他觉得挖了那么久都没挖到,那就放弃吧。其实,只要他再坚持一下就能成功了。

很多人的失败不是因为这个人不聪明或者没有努力,而是因为没有坚持到底。无论做什么事情,只有坚持到底才可能收获成功。即使没有成功,那么你的坚持会变成你所积累的经验,这些经验对于你接近成功也是不可小觑的。

孟母断机的故事告诉我们,一旦开始做一件事情就要坚持下去。做了一半,甚至做了九成放弃了,那等于没做。正如同那断了的半匹布,一无所用。

日积月累

一日读书一日功,一日不读十日空。

读书须用意,一字值千金。

知识拓展

断织

除了孟母断机杼,还有一个乐羊子妻断织的故事也非常有名。

乐羊子出门拜师求学,一年后回到家中,妻子问他回来的缘故。羊子说:"出门在外久了,心里思念家人,没有别的事情。"妻子听后,就拿起来刀快步走到织机跟前说:"这些织品都是从蚕茧中生出,又在织机上织成的。一根丝一根丝慢慢积累起来,才达到一寸长,一寸一寸地积累,才能成丈成匹。现在如果割断这些正在织着的布,那就是等于放弃即将到来的成功,荒废了时间。你出门求学,应当每天去学习自己不懂的东西,以此成就自己;现在你中途回来了,那和割断这些布有什么区别呢?"羊子被妻子的话打动了,重新回去完成了自己的学业。

负薪挂角

经典原文

如负薪,如挂角。身虽劳,犹苦卓。

——《三字经》

《三字经》中的"如负薪,如挂角。身虽劳,犹苦卓",说的是这样的故事:

西汉大臣朱买臣(?—前115),小时候家境贫寒。为了维持生活,他不得不每天上山砍柴去卖,所以根本没有时间读书学习。可是他并没有因此放弃读书,反而更加好学,常常在路上背着柴看书。后来他终于学有所成,得到了重用,当上了会稽太守。

另一个人是隋末唐初割据群雄之一的李密(582—619)。年少的时候,李密被派遣在隋炀帝身边当侍卫。他生性聪明,活泼好动,在站岗的时候,左顾右盼,结果被隋炀帝发现了,觉得这孩子不老实,就免了他的差事。李密并没有懊悔,而是回家以后发奋读书,决心要做个有用之才。有一次,他骑了头牛出门去看朋友,因为不想浪费时间,所以一路上都把《汉书》挂在牛角上看。后来,这件事广为流传。

其实我们都知道读书、学习并不是一件趣事,反而是一件苦差事。若是你吃下这份苦,坚持下来,便可能成为杰出的人才。从故事中,我们所要学习的是他们那份坚持的精神,要利用一切可利用的时间读书学习,不浪费时间,不浪费生命,坚信自己所付出的终究会有回报。

日积月累

一年之计在于春,一日之计在于晨。

一寸光阴一寸金,寸金难买寸光阴。

知识拓展

两个李密

我们熟知的历史人物中有两个比较有名的李密,一个就是挂角读书的隋末瓦岗军首领李密,另外一个则是《陈情表》的作者西晋人李密。晋武帝一再征召他入朝为官,李密以祖母年老无人供养,上表婉辞。《陈情表》文辞凄恻婉转、情感真挚浓郁,与诸葛亮的《出师表》、韩愈的《祭十二郎文》并列为古代抒情散文三篇名作,千古传诵。

黄香温席

> **经典原文**
>
> 香九龄,能温席。孝于亲,所当执。
>
> ——《三字经》

《三字经》中的"香九龄,能温席",说的是东汉时期官员黄香(约68—122)的故事。

黄香九岁的时候就已经非常懂事了,也懂得照料长辈。每当炎炎夏日来临时,他在睡觉之前会给父亲搭好蚊帐,把枕头和席子弄得清爽凉快,然后把蚊子都赶走,让父亲能安心入睡;每当寒冬来临,他每天睡前都会自己先钻进被窝,把被子暖热,父亲再来睡觉时就会睡得温暖。

虽然黄香才九岁,可是他时刻为父亲着想,即便年纪尚小,他也希望为父亲做一些力所能及的事情,为父亲尽自己的绵薄之力。

相比现在有的孩子,不要说体恤和照料父母,有人笑言其不为家庭添负担便已然是最大的孝顺了。当今父母和子女的关系大多数已经成了这样:父母为子女倾注一切,可是子女安于享受、坐享其成,不懂得感恩,不少人还形成了自私自利的性格。虽然父母在付出时是心甘情愿、不图回报的,可是他们心中期盼的是在自己老了之后子女也能对自己加以关怀和照料,而不仅仅是单向地被子女索取。作为子女,更是应该对父母的辛苦养育心怀感恩,不仅应该体恤父母,更应该珍惜父母的付出。试问,在这世上,除了自己的父母,还会有第三个人如父母般疼爱我们吗?

所以,古人那么小的年龄都懂得尽自己的能力去照料父母,那么在今天,生活条件那么好的年代,我们是不是更应该尽自己所能给父母应该拥有的关怀呢?

日积月累

树欲静而风不止,子欲养而亲不待。——《孔子家语·致思》

知识拓展

天下无双江夏黄童

黄香休假回到京师时,正好赶上千乘王举行加冠仪式,皇帝在中山王的馆舍聚会,于是下诏令要黄香到殿堂,回头对诸王说:"这就是被称为'天下无双江夏黄童'的人。"皇帝身边的人无不动容。

后人对他的才华也是非常仰慕,很多诗人在诗中都曾提到这个"无双"黄童。

苏轼《用和从求笔迹韵寄莘老》:"江夏无双应未去,恨无文字相娱嬉。"

黄庭坚《东观读未见书》诗:"诏许无双士,来观未见书。"

孙敬悬发

经典原文

孙敬字文宝,好学,晨夕不休。及至眠睡疲寝,以绳系头,悬屋梁。后为当世大儒。

——《太平御览》卷三百六三载《汉书》(按,班固《汉书》不载)

《三字经》中的"头悬梁",讲的是晋朝学问家孙敬(生卒年不详)的故事。

孙敬从小好学,在太学附近的一个小屋安顿母亲后就去读书了。他曾用杨柳枝为简写经,这就是历史上"缉柳"的典故。《太平御览》上面记载孙敬"好学,晨夕不休"。他常年闭门不见客人,专心攻读诗书,经常通宵达旦,不分昼夜。困顿难耐之时,他不愿意浪费时间,于是就弄了根绳子绑着头发,然后把绳子吊在房梁上。若是疲倦打盹的时候,一低头便会被揪醒,于是困意全无,又可以专心读书。

看到这样的故事,不得不感叹,古人为了读书真是用尽了方法。这样的做法能够锻炼一个人坚毅的性格、顽强的耐力和吃苦的能力。今天,我们不必像古人那样用不科学的方法来读书,但是与懒惰对抗,是我们在求学过程中应该努力做到的。

日积月累

少年不知勤学苦,老来方知读书迟。

知识拓展

闭户先生

孙敬学习极其刻苦,除了"头悬梁"的典故,他还有"闭户先生"的雅号。他在家中把门窗全部关闭起来,谢绝一切交往,专心苦读。路过的人远远看去只能看到紧闭的门窗,走近才能听到读书声。久而久之,人们提到孙敬,便称之为"闭户先生"。

孔融让梨

经典原文

融四岁,能让梨。弟于长,宜先知。

——《三字经》

《三字经》所载"融四岁,能让梨。弟于长,宜先知",说的是孔融(153—208)的故事。

孔融让梨是大家从小耳熟能详的故事,说的是东汉末年一个叫孔融的小孩,他父亲拿了一些梨来给孩子们吃,他却挑了最小的一个。父亲问他为什么要拿最小的,他回答说,自己最小,所以应该吃小的,大的要留给比他大的哥哥们吃。

这个故事提醒大家:在一个家庭中,要尊敬兄长,友爱和睦谦让。这个故事成为千古美谈,其经典之处在于:虽然孔融当时只有四岁,可是已经深知谦让和与兄弟友爱的道理。这与他父母对他的教育也是分不开的。

如今有部分孩子被娇生惯养,任性、自私自利、不懂得分享和友爱。孔融的故事告诉我们,应该让小孩子从小就懂得谦让和分享,即使他是家中唯一的孩子,享受着父母对他的无尽关爱,也应该学会体恤和关怀别人。

日积月累

仁者爱人,有礼者敬人。——《孟子》

知识拓展

小时了了

孔融十岁的时候跟着父亲进京。他想去拜访河南尹李膺,对李家的看门人说:"我是李先生的世交子弟。"门人进去禀报,李膺请孔融进去,问他:"先生的祖辈父辈与我有旧交吗?"孔融回答:"是的。我的祖父孔子与您的先人李老君德义等同,相互作为师友,那么我与您可以说是世代相交了。"在座的众人无不惊叹。太中大夫陈炜后到,在座的人把此事告诉陈炜。陈炜说:"人小时候聪明,长大了未必出奇。"孔融应声回答:"听您这话,您小时候不聪明了?"李膺大笑:"先生必成大器。"

囊萤映雪

经典原文

如囊萤,如映雪。家虽贫,学不辍。

——《三字经》

(胤)博学多通,家贫不常得油,夏月则练囊盛数十萤火以照书,以夜继日焉。

——《晋书·车胤传》

孙康,晋京兆人,性敏好学,家贫无油,于冬月尝映雪读书。

——《尚有录》卷四

《三字经》中有这么一句:"如囊萤,如映雪,家虽贫,学不辍。"其中说了两个人,第一个说的是东晋大臣车胤(约333—401),第二个说的是东晋学者孙康(生卒年不详)。

车胤幼时家里很贫苦,没有钱去买灯油。到了晚上他非常想读书。于是在夏天的夜晚,他就去抓了一些萤火虫,把它们放在薄袋子里,将萤火虫身上微弱的光聚集起来,借着这点微弱的光读书。

孙康也是家境贫苦。冬天户外白雪皑皑,到了晚上他就去外面看书,借着白雪映射出来的光亮看书。

这两个人都是历史上有名的好学之人。他们的故事告诉我们,学习这件事,就算没有条件学,那么创造条件也要学。

古代的学习条件远不如现在,读书人若出身寒门,自小家境清苦,家里都没有优越的条件供他们上学读书。可是即使条件恶劣,古人也会自己想出办法来学习,利用一切可以利用的东西,哪怕只是借着微弱的光亮也要学习。

相比我们现在的孩子,条件比起古人何止优越百倍,可珍惜的人却不多,没有好好利用如此优越的学习条件。古人是想尽办法学习,而如今有很多孩子懒惰、怕吃苦,在学业上不愿意付出,受到小小的打击就一蹶不振,经受不住一点挫折,在失败面前只会躲避和放弃。还有的孩子则是想尽办法逃避学习和享受娱乐。若是古人知道在如今这样富足的学习条件下有些孩子是这样的学习态度,恐怕也会为之惋惜不已。

日积月累

天行健,君子以自强不息。——《周易》

> **知识拓展**
>
> **三余读书**
>
> 汉代的董遇非常好学,一有空闲就拿出书来学习诵读。有人向他求教,说苦于没有时间读书,董遇说:"应当用'三余'的时间读书。"人家问什么是"三余",他说:"冬天是一年中多余的时间,夜晚是一天中多余的时间,下雨天是时令中多余出来的时间。"

五子登科

经典原文

窦燕山,有义方。教五子,名俱扬。

——《三字经》

《宋史·窦仪传》记载:五代后周时期的窦禹钧有五个孩子,分别是:仪、俨、侃、偁、僖,五个孩子相继及第,所以称作"五子登科"。同时代的"长乐老"冯道特意写了首诗《赠窦十》:"燕山窦十郎,教子有义方。灵椿一株老,丹桂五枝芳。"表达了对窦燕山教子有方、品德高尚的肯定。

窦禹钧(生卒年不详)是五代后周时期大臣、藏书家,《三字经》里称其为窦燕山。

窦禹钧对孩子们的教导是：要记取祖训，要仰慕圣贤，刻苦学习，为人处世，不愧不怍。在他这样的教导下，五个孩子品学兼优，先后登科及第。

《三字经》中也对他有这样的描述："窦燕山，有义方。教五子，名俱扬"，以赞颂此事。从此，"五子登科"也被老百姓用来表达对于子女成功的期望之情。

可见，父亲的教育对于子女的影响是如此之大。窦燕山提倡子女要遵从先祖的遗训，对圣贤之人要仰慕，要刻苦学习，为人处世要真诚。这些家训，从品德到处事之法，方方面面都涵盖其中。若是真能按照这样的标准来教导现在的孩子，那也是成功的教育方法。

正确的引导可以让家里的孩子都树立对事物正确的认识和价值观，更重要的是这样的教导能督促他们按照这样的家训去实践，从而让子女以此指导自己的行为，最终才能走向成功。

日积月累

克勤于邦，克俭于家。——《尚书》

知识拓展

窦氏义塾

窦燕山虽然家中富有，但生活简朴，家里的钱财被他用来兴办学校，并在宅南建起义塾，聚书万卷，提供给生员阅读使用。他还延请名师来教远近的儿童，凡是生活贫苦而没法读书的人，听其自由出入，并提供衣食。

苏洵二十七岁方才学习

经典原文

苏老泉,二十七。始发愤,读书籍。彼既老,犹悔迟。尔小生,宜早思。

——《三字经》

《三字经》中有记载:"苏老泉,二十七。始发奋,读书籍。"这里讲的是一个二十七岁才开始读书的人的事迹。

苏洵(1009—1066),字明允,旧传号老泉,北宋著名散文家。他在妻子的劝告下,二十七岁的时候才开始发奋读书,经历了十多年的寒窗苦读之后,学有所成。嘉祐元年(1056),他带领儿子苏轼、苏辙到汴京,将创作的二十二篇文章呈给欧阳修。结果,他的文章备受欧阳修赏识,由此名声大振。

后来,他的两个儿子也在文学界出名,于是他被世人称为"老苏",父子三人合称为"三苏",列入了唐宋八大家。

苏洵的故事告诉我们,只要你愿意做一件事情,什么时候开始都不算晚。只要你想做,并且执着坚持下去,终究是会走向成功。现在,在我们的生活中也会看到这样的情况,比如,有的人到了三十几岁忽然想出国留学,可是觉得自己年龄大了,也就放弃了;有的人四五十岁想要学习一门外语,但觉得学得很慢或者困难很多而无疾而终;有的人到了中年又想完成自己年轻时未完成的事业,但因为总觉得已经晚了而没有再开始;还有的人想在四十岁以后换一个行业,但又害怕已经来不及成为一个"新人"了。其实,哪里有什么来不及的说法,只要想做,什么时候开始都不算晚。

相传姜子牙的先世为贵族,在舜时为官。后来家道中落,他也就沦为了平民。为维持生计,姜子牙年轻时曾在商都朝歌(在今河南淇县)宰牛卖肉,又到孟津(在今河南孟津东、孟州市西南)做过卖酒生意。他虽贫寒,但胸怀大志,刻苦学习,始终不倦地探讨、研究治国兴邦之道,希望有朝一日能够为国效力。直到暮年,姜子牙终于遇到了施展才华的机会,据说,那个时候他已经八十八岁了。

有的人少年成名,引得众人艳羡,但也有些人大器晚成,人生一路走得踏实。

日积月累

有志不在年高。——《传家宝》

知识拓展

唐宋八大家

唐宋八大家,苏家父子苏洵、苏轼、苏辙占了三席,有人会问:为什么不见大名鼎鼎的李白和杜甫呢?那是因为唐宋八大家指的是唐宋两代八位散文作家。明初朱右选韩、柳等人文为《八先生文集》,八家之名开始于此。诗仙李白和诗圣杜甫主要是以诗歌名传天下,所以就不在这散文八大家之列了。

曾子杀猪：言而有信

> 经典原文

曾子之妻之市，其子随之而泣。其母曰："女还，顾反为女杀彘。"妻适市来，曾子欲捕彘杀之。妻止之曰："特与婴儿戏耳。"曾子曰："婴儿非与戏也。婴儿非有知也，待父母而学者也，听父母之教。今子欺之，是教子欺也。母欺子，子而不信其母，非所以成教也。"遂烹彘也。

——《韩非子·外储说左上》

《韩非子》里面有这样一个关于杀猪教子的故事。

曾子的妻子要到集市上去，孩子看到母亲要走了，就哭了起来。曾子妻对孩子说："你先回去，等我回来杀猪给你吃。"

曾子妻刚从集市回来，曾子就想抓了那头猪杀了它，他妻子制止说："只是跟小孩子开玩笑而已。"

曾子说："小孩儿是不能和他开玩笑的。他没有知识，不懂事，只是一个依靠父母来学习的人，只听从父母的教导。现在若是你欺骗他，这就是在教儿子欺骗别人。母亲欺骗孩子，那么以后孩子就会不相信他的母亲,这并不是好的家教!"随后,他就把那头猪杀了煮肉吃。

曾子(前505—前435),名参,字子舆,是春秋末年思想家,儒家学派的代表人物,他是孔子的弟子,七十二贤人之一,儒学五大圣人之一,被后世尊称为"宗圣"。

这则故事告诉我们,若是要把孩子教好,关键在于父母不能欺骗孩子,也不能在孩子面前有欺骗的行为。虽然只是孩子,但父母也应该对他说到做到。只有父母的言行诚信、不欺骗,才能为孩子示范良好的道德品质和言行,让孩子受到良好的家庭教育,学到正确的行为。

日积月累

与朋友交,言而有信。——《论语》

轻诺必寡信。——《老子》

失信不立。——《左传》

诚信者,天下之结也。——《管子》

小信成则大信立。——《韩非子》

知识拓展

吾日三省吾身

曾子曰:"吾日三省吾身:为人谋而不忠乎?与朋友交而不信乎?传不习乎?"

这句有名的"吾日三省吾身"是曾子最著名的言论之一,因为出现在《论语》中,有时候会被误记为孔子所说。

孔子世家教育子女十训

经典原文

芝兰生于深林,不以无人而不芳。

——《孔子家语·在厄》

君子修道立德,不为穷困而改节。

——《孔子家语·在厄》

树欲静而风不停,子欲养而亲不待。

——《孔子家语·致思》

己有善勿专。　　——《孔子家语·入官》

匿人之善,斯谓蔽贤。　——《孔子家语·辩政》

以富贵而下人,何人不尊;以富贵而爱人,何人不亲?

——《孔子家语·六本》

上好德则下不隐,上恶贪则下耻争。

——《孔子家语·王言解》

受人施者常畏人,与人者常骄人。

——《孔子家语·在厄》

君子以行言,小人以舌言。

——《孔子家语·颜回》

上乐施则下益宽,上亲贤则下择友。

——《孔子家语·王言解》

孔子(前551—前479)是中国第一位平民教育家,他的家庭会有怎样的家规呢,这些家规又体现着什么样的中国传统文化呢?孔子的家规,是否对我们当今的家庭教育有一些启发?

《孔子家语》,又名《孔氏家语》,简称《家语》,记录了孔子及其弟子的思想言行,今本共十卷四十四篇。

"芝兰生于深林,不以无人而不芳",意思是:芝兰生长在树林深处,不会因为没有人来欣赏而不散发香气。这句话是在提醒后人,道德修养不是做给别人看的,而是自我发自内心的追求。《孔子家语》里还有"与善人居,如入芝兰之室,久而不闻其香,即与之化矣",意思是:与高尚的人交往,好比来到布满兰草的房间,时间久了就闻不到香味,说明已与香气融为一体。

"君子修道立德,不为穷困而改节",意思是:君子会努力修养自己的德行,不会因为穷困的处境而改变自我的节操。这句话是在提醒后人,即便身处逆境,也不能放松对自己的道德要求。

"树欲静而风不停,子欲养而亲不待",意思是:树想要静止,风却不停地摇动枝叶;子女想赡养父母,父母却已离去。时间永远在流逝,时间的脚步不以个人意愿而停留。常常是,子女希望尽孝的时候,父母却已经亡故了。这句话是在提醒后人,百善孝为先。后人更以"风树之悲"来借喻丧亲之痛。

"己有善勿专",意思是:即便自己有长处,也不能独自拥有。这句话是在提醒后人,自己虽然拥有某一方面的才能,但不能藏私,要与其他人分享,这样才能取得声誉,令人信服。

"匿人之善,斯谓蔽贤",意思是:隐藏了别人的长处,就是埋没人才。这句话是在提醒后人,人尽其才,人人发挥各自特长,才会有和谐社会。

"以富贵而下人,何人不尊;以富贵而爱人,何人不亲",意思是:你有富贵的身份却礼贤下士,那么谁还不尊重你?你有富贵的身份,还仁爱他人,那么谁还不亲近你?这句话是在提醒后人,富贵以后,更要有谦卑之心、爱人之心。

"上好德则下不隐,上恶贪则下耻争",意思是:身处上位的人,如果能崇尚道德,百姓就不会有什么隐瞒;假如身处上位的人痛恨贪婪,百姓就一样会以争名夺利为耻辱。这句话是在提醒后人,居上位者,一定要以德服人,率先垂范。

"受人施者常畏人,与人者常骄人",意思是:接受别人施舍的人,经常畏惧别人;而给予别人恩惠的人,常常会以此对人炫耀。这句话是在提醒后人,要养成良好的品行,不要轻易接受别人的给予;给别人帮助,不要居高临下,扬扬自得。

"君子以行言,小人以舌言",意思是:君子以行动说话,小人却以舌头说话。品德高尚的人,一心埋头苦干,乐于奉献;而巧舌如簧的人,光说不练,不见诸具体行动。这句话是在提醒后人,要做一个实干家,多说无益。观察一个人,不仅仅看语言表达,更要注重其如何行事。

"上乐施则下益宽,上亲贤则下择友",意思是:身处上位的人,如果能够乐善好施,下层百姓就会变得更加宽厚仁慈;身处上位的人,如果能够亲近贤能之人,百姓就会交贤能的朋友。这句话是在提醒后人,身处上位要仁慈宽厚,重视人才。

孔子家训,给了我们很多启示。

启示一:对待自己,任何时候,都要加强自己的道德修养。

"芝兰生于深林,不以无人而不芳",强调的是:修养是为自己,不是做给人看。"君子修道立德,不为穷困而改节",强调即便处于逆境,也要坚持道德修养。

启示二:对待父母,尽孝要从今天开始。

"树欲静而风不停,子欲养而亲不待",百善孝为先,在"风树之悲"到来之前抓紧每一天。

启示三:越是身居高位,对待下属越要谦虚谨慎。

"己有善勿专""匿人之善,斯谓蔽贤""以富贵而下人,何人不尊;以富贵而爱人,何人不亲?""上好德则下不隐,上恶贪则下耻争""受人施者常畏人,与人者常骄人""君子以行言,小人以舌言"等,无不是在告诫后人,上行下效,越是身居上位,越要身正垂范,以德服人。一个人获得了成就更是应该朴拙勤慎、谨言慎行。

启示四:对待朋友,要宽以待人。

"上乐施则下益宽,上亲贤则下择友",人生之乐有一部分就在于你遇到了志同道合的人,你们有一样的目标,有一样的志趣爱好,乐于分享。和志同道合的人在一起,能够互相学习、互相督促,形成良好的氛围。结交志同道合的人,是我们人生中必要的一课。

世上没有十全十美的人,因此适当保留自己的缺点,专注于自己喜爱之事,从中发现乐趣,有可能在一些事情上做出一番成就。

《论语》中也有很多相关的名句,如"知之为知之,不知为不知,是知也""敏而好学,不耻下问""三人行,必有我师焉。择其善者而从之,其不善者而改之""知者不惑,仁者不忧,勇者不惧""见贤思齐焉,见不贤而内自省也""岁寒,然后知松柏之后雕也""发愤忘食,乐以忘忧,不知老之将至"等,都反映了孔子的教育思想。

日积月累

穷且益坚,不坠青云之志。——[唐]王勃

予人玫瑰,手有余香。

平时肯帮人,急时有人帮。

知识拓展

趋庭

《论语·季氏》:"(孔子)尝独立,鲤趋而过庭。曰:'学诗乎?'对曰:'未也。''不学诗,无以言。'鲤退而学诗。他日,又独立,鲤趋而过庭。曰:'学礼乎?'对曰:'未也。''不学礼,无以立。'鲤退而学礼。"这个故事后来被概括为"趋庭",成为承受父教的代称。

王勃《滕王阁序》:"他日趋庭,叨陪鲤对;今晨捧袂,喜托龙门。"

杜甫《登兖州城楼》诗:"东郡趋庭日,南楼纵目初。"

孔子的"三恕""三思""三患"

> **经典原文**

　　君子有三恕,有君不能事,有臣而求其使,非恕也;有亲不能孝,有子而求其报,非恕也;有兄不能敬,有弟而求其顺,非恕也。士能明于三恕之本,则可谓端身矣。

——《孔子家语·三恕》

　　君子有三思,不可不察也。少而不学,长无能也;老而不教,死莫之思也;有而不施,穷莫之救也。故君子少思其长则务学,老思其死则务教,有思其穷则务施。

——《孔子家语·三恕》

　　君子有三患:未之闻,患不得闻;既闻之,患弗得学;既得学之,患弗能行。

——《孔子家语·好生》

《孔子家语》记载了"三恕""三思""三患"。

"三恕"意思是:君子有三恕,有国君却不去侍奉,培养家臣是为了役使,这不是宽厚之人;有父母却不孝敬,有孩子却要求他给予回报,这不是宽厚之行;有哥哥却不尊敬,有弟弟却要求他顺从,这也不是宽厚。读书人能明了这"三恕"的根本含义,就可以端正自己的行为。

"三思"意思是:君子有三种思虑,是不能不明察的。年少时不爱学习,长大后就没有什么才能;年老不教导子孙,死后就没人想念你;富有时不愿救济穷苦的人,穷困时就没有人救助你。因此,君子年少时想到成年以后的事就要努力学习,年老时就要思虑去世之后的事,就会担起教化儿孙的责任;富有时想到穷困,就要主动施舍。

"三患"意思是:君子有三种忧患:在还没有听到的时候,担心听不到;听到以后,害怕学不到;学了以后,担心不能践行。

这是《孔子家语》中的三段训导,孔子教育自己的子孙后代,要做读书人,要做君子,就要明白什么是"三恕",什么是"三思",以此来约束自己的行为,成为正人君子。而明白什么是"三患",则可以时时反思自己。

我们从孔子的家训中可以看到,他在提醒人们,对于君王、父母、兄长,不仅仅要尽到自己的义务,更要不求回报,要是有欲求回报的私心,那么都不叫"恕"。所以,我们应该对每件事尽到自己的义务,努力做好自己应该做的,而至于回报,不应该苛求,更不应该以回报为目的去做事。

同样的,做人要学会有"三思"。首先,学习要看得长远;其次,要好好教育晚辈;最后,如果自己富裕也要学会救济贫困的人,要对自己的富足有忧患意识。要做一个君子,就应该学会这些。

明白"三患",就要知行合一。

这则家训,不仅仅教育后辈要如何做人,更重要的是告诉晚辈:即使生活条件优越,也要有忧虑之心,要学会换位思考,才能够学会与别人分享,避免形成自私自利的坏品质。

日积月累

爱人若爱其身。——《墨子》

生于忧患而死于安乐。——《孟子》

书到用时方恨少,事非经过不知难。

知识拓展

此"三思"非彼"三思"

《论语·公冶长》:"季文子三思而后行。"这里是说季文子凡事要思考三次才实行。而孔子听到了,就说:"思考两次,也就可以了。"

这里的"三思"和《孔子家语》中的"三思"意思不同,《论语》中的"三思"是再三考虑,而《孔子家语》中的"三思"则是少思长、老思死、有思穷。阅读的时候,不要混淆哦。

田母教子：廉洁公正做官

经典原文

田稷子相齐，受下吏之货金百镒，以遗其母。母曰："子为相三年矣，禄未尝多若此也。岂修士大夫之费哉？安所得此？"对曰："诚受之于下。"其母曰："吾闻士修身洁行，不为苟得；竭情尽实，不行诈伪；非义之事，不计于心；非理之利，不入于家；言行若一，情貌相副。令君设官以待子，厚禄以奉子，言行则可以报君。夫为人臣而事其君，犹为人子而事其父也。尽力竭能，忠信不欺，务在效忠，必死奉命，廉洁公正，故遂而无患。今子反是，远忠矣。夫为人臣不忠，是为人子不孝也。不义之财，非吾有也；不孝之子，非吾子也。子起！"田稷子惭而出，反其金，自归罪于宣王，请就诛焉。宣王闻之，大赏其母之义，遂舍稷子之罪，复其相位，而以公金赐母。

——《列女传·母仪传·齐田稷母》

战国时期齐宣王的丞相田稷子(生卒年不详),收受了属下官吏贿赂他的很多钱,然后送给他的母亲。

他的母亲说:"你做丞相三年了,俸禄从来没有如此之多。这钱恐怕是从别的士大夫那里收取来的吧?这些钱到底怎么得来的?"

田稷子回答说:"是从手下那里得来的。"

他的母亲就说:"我听说为官要洁身自好,讲求廉洁,不能要这些不应该要的东西;要竭尽全力做到诚实,不要有任何欺骗和虚伪的行为;不仁义的事情,不要在心里盘算;不是合理的财利,不要拿回家里来;言行要一致,表里要如一。如今君王让你做官来安置你,用优厚的俸禄来供养你,你所言所行正体现出你如何报答君王。你作为君王的臣民要侍奉君王,就像孩子侍奉父母一样,要竭尽所能,忠诚、守信、不欺瞒,务必要效忠,为接受使命不惜生命,要廉洁公正,这样才会平安无事。如今,你反其道而行之,违背了忠诚的要求。你作为臣民却不忠诚,正如孩子不孝一样。不义之财,不是我应有的;不孝之子,也不是我的孩子。你出去吧!"

田稷子听了母亲的训导,惭愧地离开了,把收受贿赂得来的钱还给了属下,去齐宣王那里认了罪,请求受责罚。齐宣王听了以后,大大赞赏他母亲的道义,于是就赦免了田稷子的罪行,恢复了他的相职。

这段训导铿锵有力、义正词严,说的是如何做一个品行端正的人。母亲告诫田稷子作为臣子应该要尽心尽责,公正廉洁。田稷子犯错的时候,母亲也并没有庇护他,而是对他更加严厉地训斥和教导。田稷子受到这样的训斥才恍然醒悟,反思了自己所犯下的错误并且勇于认错,最终才有了好结局。

　　田稷子母亲在孩子犯错时并没有一味地包容,而是不讲情面、严肃地斥责他。正是这种严厉,才让田稷子认识到自己的错误,并且勇于改正,不再犯错。人在仕途中难免会受到各种各样的诱惑,往往在犯错时有人给你当头棒喝,方能恍然大悟。一辈子廉洁公正是难事,一个人能够抵抗住诱惑才是伟大之人。田稷子母亲的高风亮节,也值得后人称颂和敬佩。

　　一时狠心,换来孩子一生的成就;一味纵容,最终易导致孩子走上歧途。

日积月累

　　君子喻于义,小人喻于利。——《论语》

知识拓展

田忌和田稷子

　　田忌是战国时齐国的将领,曾向齐威王推荐孙膑为军师。和他相关的知名故事有"田忌赛马""围魏救赵""减灶之计"。

　　田稷子是战国中期的齐国人,深得齐宣王(齐威王之子)信任,被拜为相国。

孔臧教子：凡事要亲身实践

经典原文

顷来闻汝与诸友生讲肄书传，滋滋昼夜，衎衎不息，善矣！人之讲道，惟问其志，取必以渐，勤则得多。山霤至柔，石为之穿；蝎虫至弱，木为之弊。夫霤非石之凿，蝎非木之钻，然而能以微脆之形，陷坚刚之体，岂非积渐之致乎？训曰："徒学知之未可多，履而行之乃足佳。"故学者所以饰百行也。

侍中子国，明达渊博，雅学绝伦，言不及利，行不欺名，动遵礼法，少小长操。故虽与群臣并参侍，见待崇礼，不供亵事，独得掌御唾壶。朝廷之士，莫不荣之。此汝亲所见。《诗》不云乎："毋念尔祖，聿修厥德。"又曰："操斧伐柯，其则不远。"远则尼父，近则子国，于以立身，其庶矣乎？

——《与子琳书》

"徒学知之未可多,履而行之乃足佳",这是西汉经学家孔安国的堂兄孔臧(约前201—前123)曾经教导儿子的话。

孔臧曾经写过《与子琳书》教导儿子,大意是:

听说你和朋友们最近一起讲习经书并解释经书的传注,白天黑夜都不懈努力,坚强努力而不懈怠,这样很好!人的进修道业,关键看他的志向,用循序渐进的方法,勤劳学习就能得到很多知识。就像山间小溪细流虽是柔软之体,可是它能把石头弄穿;木中的蛀虫虽是极为弱小,可是它也能损坏木头。细流并不是石头的凿具,蛀虫也不是钻木工具,然而能够以微小的力量深入坚硬的物体内,难道不是逐渐形成的吗?古训中提到:"只是通过学习来获得知识并没有什么值得赞扬的,要自己切实去做了才足以被表扬。"所以,学习是提高多方面品行的好途径。

侍中孔安国,聪明通达,知识渊博,风雅博学,无与伦比,言谈不涉及私利,行为与其声名相符,举动遵守礼仪法规,年少时就具备了成人的操守。所以他虽然和众多大臣一起侍奉君主,谒见待命,崇尚礼节,却不做卑贱的事,因此独自得到了掌管皇帝唾壶的差事。朝中之士,没有不以此为荣的。这都是你亲眼所见的事。《诗经》不是说吗:"毋念尔祖,聿修厥德。"又说:"操斧伐柯,其则不远。"远的可以看看孔子,可以效仿;近的可以看看孔安国,由此而立身处世,也就差不多了吧?

孔臧教导他的孩子孔琳要志向坚定。学习是一个循序渐进的过程,只有逐渐积累才能学有所成。所谓"滴水穿石"说的也是积少成多的道理:再细小的东西,只要累积到一定的程度,它的力量也是会超乎想象的。正如"不积跬步,无以至千里;不积小流,无以成江海"也是一样的道理。另外,他倡导在学习上,重要的是自己去实践。孔臧列举了身边的例子,无论远近都有榜样可以效仿,以此告诫儿子要身体力行,将孔家美德发扬光大。

在当今社会,有些人想要"走捷径",只想窃取别人的成果而不想自己付出任何努力。但世上哪有那么轻而易举的事?别人的终究是别人的,只有亲身实践而获得的经验才是永远拿不走的。成功不是一蹴而就的,滴水穿石、积少成多才是真正的成功之道。

日积月累

读万卷书,行万里路。——[明]董其昌

知识拓展

两个孔安国

西汉有位经学家名孔安国,就是《与子琳书》提到的这位身边典范"侍中子国"。

东晋也有一位孔安国,任晋孝武帝的侍中,得到恩宠。孝武帝死后,当时孔安国任太常,他的身体一向瘦弱,穿着重孝服,一天到晚眼泪鼻涕不断,看见的人都认为他是真正的孝子。

刘向教子：谨慎则福至

> **经典原文**

告歆无忽：若未有异德，蒙恩甚厚，将何以报？董生有云："吊者在门，贺者在闾。"言有忧则恐惧敬事，敬事则必有善功而福至也。又曰："贺者在门，吊者在闾。"言受福则骄奢，骄奢则祸至，故吊随而来。齐顷公之始，藉霸者之余威，轻侮诸侯，亏跋蹇之容，故被鞍之祸，遁服而亡，所谓"贺者在门，吊者在闾"也。兵败师破，人皆吊之，恐惧自新，百姓爱之，诸侯皆归其所夺邑，所谓"吊者在门，贺者在闾"也。今若年少，得黄门侍郎，要显处也。新拜皆谢，贵人叩头，谨战战栗栗，乃可必免。

——《全汉文》卷三十六《戒子歆书》

刘歆（？—23）是西汉末古文经学派开创者、目录学家、天文学家，他年少蒙恩，在朝中出任重要职位。他的父亲刘向（约前77—

前6），是西汉经学家、目录学家、文学家。刘向对儿子年少为官很不放心，于是写了一封书信告诫刘歆。

他对刘歆说："你并没有什么特殊的德行，却受到了皇上的很多宠爱，那你要用什么来报答呢？董仲舒有言：'吊者在门，贺者在闾。'这就是说说话做事要有忧虑，这样才能恭敬地从事本职工作，恭敬地从事了本职工作才会有好的功德，从而福气也会随之到来。他又说：'贺者在门，吊者在闾。'要是你得到恩惠以后，说话、做事、生活就骄傲奢侈，那么就会招来横祸。春秋时期，齐顷公刚开始即位的时候，借着之前他祖父齐桓公的霸主余威，欺辱诸侯，伤害诸侯的尊严，因此在战斗中失败了，他只有调换服装逃跑，这就是所说的'贺者在门，吊者在闾'。齐顷公打仗打败了，有人去慰问他，他痛定思痛，得到了百姓的拥护，于是诸侯都归还了他们所侵夺的齐国的城邑，这就是所说的'吊者在门，贺者在闾'了。如今你还年轻，就任职黄门侍郎这一显要的职位。新任的官员都会对你恭敬，显贵的人也会对你行叩首礼，所以你对任何事情都要谨慎小心、心存敬畏，这样才能免除灾祸。"

刘向对儿子的一番教诲先是让儿子知道祸福之间的相互转化关系，然后又举了齐顷公的例子，告诉儿子做官应该如何为人处世：年少为官，不可以沾沾自喜，应该更加谨言慎行，那样才会有福；若是骄傲自大，不把别人放在眼里，必然惹来祸端。

曾经有一个老师的教子方法是，在孩子取得了小成就的时候不要吹捧他，反而应该"泼一点冷水"，教导他不要沾沾自喜；而在孩子遇到小挫折的时候，鼓励他，给他信心和力量。这样的方式与刘向教子的方法也有相似之处，在教育中为孩子建立一个平衡点也是很重要的。得不到父母赞许的孩子,无法产生自我认同感;但虚伪式的鼓励和过度的鼓励也是不可取的。

日积月累

居安思危,戒奢以俭。——[唐]魏征

知识拓展

刘歆率

刘歆著有《三统历谱》,是中国史籍上第一部记载完整的历法。他还造有一种圆柱形的标准量器,根据量器的铭文计算,所用圆周率是3.1547,世称"刘歆率",比祖冲之早五百年确定圆周率。

王修诫子惜时

经典原文

人之居世,忽去便过。日月可爱也!故禹不爱尺璧而爱寸阴。时过不可还,若年大不可少也。欲汝早之,未必读书,并学作人。汝今逾郡县、越山河、离兄弟、去妻子者,欲令见举动之宜,效高人远节,闻一得三,志在善人。左右不可不慎,善否之要,在此际也。行止与人,务在饶之。言思乃出,行详乃动,皆用情实道理,违斯败矣,

——《诫子书》

王修(生卒年不详)是三国时期的贤士,为人正直,曾任大司农、郎中令、奉常等职。

他在《诫子书》里面教导孩子要珍惜光阴,好好学习。他对孩子说:"人生在世,时光飞逝。时光值得爱惜啊!正因如此,大禹才会不爱碧玉而爱惜每一寸光阴。时光一去不复返,就如同年岁大

了不能再年轻一样。希望你及早珍惜光阴,不一定只读书,同时要学做人。你现在远去外县,跋山涉水,离开兄弟和妻子儿女,目的就是想让世人看到你得体恰当的为官举止,效法品德高尚之人的远大节操,知道一个道理而类推出许多道理,志向在于为人们做善事。对身边的人,相交之时要谨慎小心,好坏的关键,就在于这种人际关系。人的一举一动,贵在谨慎。说话要经过思考,做事要考虑周全,一切都要按照真实情况和道理去进行,否则就会失败。"

这则家训提醒后人应该要珍惜时间。不仅仅是时间,而是所有的经历都应该用心去完成。

王修告诉孩子年轻时出门远行到底应该怎么做。出门远行的目的是学习品德高尚的人如何培养自身高尚的节操,要去增长见识。如今有的孩子,出门在外除了贪图享乐以及与同辈攀比,似乎也无所成长。

王修的教导是值得我们参考的,如今出门远行不再是难事,而引导孩子真正用心去认识世界、思考生活才是远行的目的。

日积月累

盛年不重来,一日难再晨。及时当勉励,岁月不待人。——[东晋]陶渊明

莫等闲,白了少年头,空悲切。——[南宋]岳飞

机不可失,时不再来。

知识拓展

士不妄有名

曹操攻破南皮(今河北沧州地区),看见王修家谷不满十斛,有书数百卷,于是感叹:"士不妄有名。"此后,王修得到曹操赏识重用。

诸葛亮家书中的智慧

经典原文

夫君子之行,静以修身,俭以养德。非淡泊无以明志,非宁静无以致远。夫学须静也,才须学也,非学无以广才,非志无以成学。淫慢则不能励精,险躁则不能治性。年与时驰,意与日去,遂成枯落,多不接世,悲守穷庐,将复何及!

——《诫子书》

诸葛亮(181—234)常年领兵在外,政务繁重,无暇顾及家里,而且他去世时儿子诸葛瞻还只是个蹒跚学步的婴儿,只有两岁。为了承担起一个父亲的责任,为了帮助儿子更好地成长,诸葛亮曾在生前给儿子写过这样一封家书——《诫子书》。

从这封家书中,我们可以体会到诸葛丞相对儿子的谆谆教导和殷切期望,我们也许更应该庆幸诸葛丞相为我们后人留下了这一堂堂人生之课。

第一课:宁静的力量。

"静以修身""非宁静无以致远""学须静也"。诸葛亮忠告儿子要宁静才能够修身养性,静思反省。我国儒家学派历来注重个人"内修",更是强调"吾日三省吾身"。一个心浮气躁、急功近利的人如果不能够好好地"静"下来,就不可能冷静而长远地计划未来、构想人生。另外,学习的首要条件,也是要有宁静的环境。现代人大多数终日奔波劳碌,社会环境纷扰嘈杂、人心浮躁,如果能够在这纷扰时常反思,在杂乱中保持一份"静",在动身前先找清楚自己的努力方向,再上路努力拼搏,这样人生才能够走得更远。

第二课:节俭的力量。

"俭以养德"。诸葛亮忠告孩子要节俭,以培养自己的德行。诸葛亮在逝世前曾留有遗命,要求手下人在埋葬自己时要"因山为坟;冢足容棺,敛以时服,不须器物"。这对于一个生活在封建社会中,又贵为丞相的人来说实在是难能可贵的!而且在他给后主刘禅的表中也有这样一句"若臣死之日,不使内有余帛,外有赢财,以负陛下",诸葛亮最终兑现了他的诺言。"俭以养德"是诸葛丞相用自己一生的身体力行展示给我们后人的美德,在消费主义横行的当今社会,我们是不是也能够从古代圣贤的思想中汲取一些宝贵之处来指导我们的生活呢?

第三课:计划的力量。

"非淡泊无以明志""非宁静无以致远"。诸葛亮忠告诸葛瞻要眼光长远,不要事事都急功近利,只有这样才能够了解自己的理想和志向,要静下心来,才能够有效地规划自己的未来。《隆中对》的精髓就是帮助刘备势力一步步地由小变大,由弱变强。面对未来,我们每个人都有自己的梦想,但又有多少人能够去计划去一步步耐心地实现呢?

第四课:学习的力量。

"夫学须静也""才须学也"。诸葛亮忠告孩子宁静的环境对学习大有帮助,也只有不断学习才能造就人才。诸葛亮不是天才论的鼓吹者,他自己就是通过在隆中的十年寒窗苦读,才为日后的建功立业打下了坚实的知识和理论基础。诸葛亮相信才能是学习的成果,有多少人又能做到"活到老,学到老"呢?

第五课:立志的力量。

"非学无以广才""非志无以成学"。诸葛亮告诫孩子要成才先要立志,不愿意努力学习,就不能够增加自己的才干。但如果在学习的过程中缺乏明确的人生目标和努力方向来不断地推动自己,就会削弱学习的决心和毅力,最终导致半途而废。年轻时的诸葛亮曾经自比"管仲""乐毅",这两个人就是他的努力目标,这个目标也最终推动和刺激着他取得了比预想大得多的成就。我们不难看到,很多人兴冲冲地开始一件事,但在中途就忘记了自己的目标和初心,行事也偏离了自己当初的目标。因此能够坚持到底,能够从一而终的人不但能战胜自己,也能收获成功。

第六课:速度的力量。

"淫慢则不能励精"。诸葛亮忠告孩子做事情拖拖拉拉就不能够快速地掌握要点,取得成功。打仗时"兵贵神速",学习时同样"怠慢不得"。身为日理万机的丞相,诸葛亮连处罚二十军棍这样的小事都要亲自过问,如果做事没有速度的保障,这可能实现吗?互联网时代是一个事事讲求效率的时代,千百年前的智慧与当今的时代节奏也很契合。不要有拖延症,想到就做并非人人能够做到的,因此在当代社会,"自律"成了人人追求的一个目标。只要不犯"拖延症",你就能有更多时间去调整自己的计划,去修正自己的行为,更快更好地实现自己的目标。

第七课:性格的力量。

"险躁则不能治性"。诸葛亮忠告孩子太过急躁就不能够陶冶性情。心理学家说:"思想影响行为,行为影响习惯,习惯影响性格,性格影响命运。"只有人说诸葛亮忠厚,却从来没有人说诸葛亮"暴躁",因为一个性格暴躁的诸葛亮是不可能取得一个性格平和的诸葛亮所取得的伟大成就的。诸葛亮明白要励精,也要治性,更要通过自己的人格魅力这种"无声而伟大"的力量去影响和感染身边的人。

在我们的生活中,很多人好为人师,喜欢教导别人。但他们没有想到其实只有自身做得好才能吸引别人来效仿你的言行举止,与其喋喋不休当别人的人生导师,不如先让自己入世修行。

第八课:时间的力量。

"年与时驰""意与日去"。诸葛亮忠告孩子时光飞逝,意志力又会随着时间消磨。少壮不努力,老大徒伤悲,时间管理是个现代人的观念,细心想一想,时间不可以被管理,每天二十四小时,不多也不少,唯有管理自己,善用每分每秒。诸葛亮二十七岁出山,五十四岁逝世,短短二十七年间,他创造了流传千古的辉煌。现代人的平均寿命已经远远超过五十四岁,但也许绝大多数人都无法达到他的成就。

第九课:想象的力量。

"遂成枯落""多不接世""悲守穷庐""将复何及"。诸葛亮忠告孩子时光飞逝,当自己变得和世界脱节,才悲叹蹉跎岁月,也于事无补。于是,诸葛亮赶上,甚至超越了他的偶像管仲和乐毅。想象力比知识更有力量,心有多远,我们就可以走多远!因此,大胆地想想你想成为什么样的人以及你在人生中想要完成的伟大的事业吧。

第十课:精简的力量。

诸葛亮写给儿子的这封信,只用了短短八十六字,却精简地传递了具体的讯息,《隆中对》《出师表》也都不是什么鸿篇巨制。精简的表达源于清晰的思想,长篇大论容易令人生厌,精简沟通更有效果。

从以上十堂诸葛亮留下的人生之课中,你获得启发了吗?请你百忙之中静下来,用下面的题目向你的人生提问,在改变中不断改善,在自省中体会古人的智慧。

不要问:自己得到些什么?应该问:自己付出过什么?
不要问:自己的地位如何?应该问:自己的心地如何?
不要问:自己有什么信仰?应该问:自己有什么善行?
不要问:自己是否有学问?应该问:自己是否有行动?

日积月累

有志者事竟成。——《后汉书》
志当存高远。——[三国·蜀]诸葛亮《诫外生书》
差之毫厘,谬以千里。
莫道君行早,更有早行人。

知识拓展

淡泊明志,宁静致远

这句话不是诸葛亮原创,他只是借用了《淮南子》中的这句话来教育后人,用来表达君子应有的操守。

> 人主之居也,如日月之明也,天下之所同侧目而视,侧耳而听,延颈举踵而望也。是故非澹薄无以明德,非宁静无以致远,非宽大无以兼覆,非慈厚无以怀众,非平正无以制断。
>
> ——《淮南子·主术训》

孟仁母教子

经典原文

（孟）仁字恭武。江夏人也。本名宗，避皓字（注：孙皓字元宗），易焉。少从南阳李肃学。其母为作厚褥大被，或问其故。母曰："小儿无德致客；学者多贫，故为广被，庶可得与气类接也。"其读书，夙夜不懈；肃奇之，曰："卿宰相器也！"初为骠骑将军朱据军吏，将母在营。既不得志，又夜雨屋漏；因起涕泣，以谢其母。母曰："但当勉之，何足泣也！"据亦稍知之，除为监池司马。自能结网，手以捕鱼，作鲊寄母。母因以还之，曰："汝为鱼官，而以鲊寄我，非避嫌也！"

——《三国志·吴志·孙皓》裴松之注引《吴录》

孟仁（？—271）生活在三国时期的吴国，江夏人。字恭武。本名孟宗，避孙皓的讳改为仁。小的时候跟从南阳李肃学习。他的母亲为他做了又厚又大的被褥,有人问他的母亲为什么这么做,他的母亲说:"我家孩子的品德修养不足以吸引他人;而学者大多数都是贫寒人士,所以做了一个宽大的被褥,希望可以和这些刻苦的学习者有所往来,受他们感染。"孟仁读书没日没夜坚持不懈,李肃对他说:"你有宰相的才能和气度!"

孟仁出仕,最初为骠骑将军朱据的官佐,带着母亲住在军营中。孟仁不得志,有一次夜里下雨屋子漏水,因而哭着向母亲道歉。他母亲说:"你应该以此来勉励自己,为什么要哭呢!"朱据不久也知道了孟仁这个人,授职孟仁为监池司马。孟仁在雷池监任上,曾自己织网,亲手捕鱼,并且自己腌鱼寄给母亲。可是他母亲并没有要他寄来的鱼,而是还给他,说:"你身为鱼官,亲手腌鱼寄给我,这种做法会让别人误解,应该要避嫌。"

孟仁的母亲为了教育他真是用心良苦。孟仁小的时候,他的母亲为他创造良好的学习环境;在仕途不顺时又鼓励、支持他;在他成功之时又教导他要清正廉洁。可以说,母亲的教育贯穿了他的一生,也成就了他的一生。

日积月累

良药苦口利于病,忠言逆耳利于行。

知识拓展

清纯如此

有一次宴会,孟仁和大臣们都参加了。孟仁酒量不好,被迫喝了一杯酒马上就吐了。孙权派人去查看,发现孟仁吐的都是麦饭,没有油水。孙权听到回报,叹息到:"清廉纯朴竟然到了这种地步!"

《颜氏家训》中的教育

《颜氏家训》是我国南北朝末年的一位教育家颜之推(531—约590以后)所写,他结合自身所受的教育和自己的经历,写出了中国第一部家训专著《颜氏家训》。这部专著中记录了古代家庭教育中的各个方面,共有二十篇,其中"教子""兄弟""治家""风操""慕贤""勉学""涉务"等章节,强调教育以儒学为核心,特别是孩子的早期教育。这部著作在维护社会稳定、塑造民族心理等方面,起到了积极作用。尤其是家庭教育方面的思想,至今仍有深刻影响和指导意义。

教育的初始

经典原文

　　古者,圣王有胎教之法:怀子三月,出居别宫,目不邪视,耳不妄听,音声滋味,以礼节之。书之玉版,藏诸金匮。生子咳㖂,师保固明,孝仁礼义,导习之矣。凡庶纵不能尔,当及婴稚,识人颜色,知人喜怒,便加教诲,使为则为,使止则止。比及数岁,可省答罚。父母威严而有慈,则子女畏慎而生孝矣。

——《颜氏家训·教子》

据说在古代,圣贤君王的胎教之法是:当王后怀胎三个月时,就让她迁移到别的宫殿居住,不让她看到不好的事物,也不听什么不好的声音,音乐和饮食按礼制加以节制。这种胎教的方法写在玉版上,藏在书柜里。在太子两三岁时,师保就已经确定好,对孩子进行最初的教育。可是,普通百姓的孩子不可以与之相比,但也应该在孩子知道辨认大人的脸色,明白大人的喜怒时,就对他加以教育,明确地让孩子们知道什么是该做的,什么是不该做的。这样等孩子长到几岁时,也会渐渐懂事,自然也就会少受责罚。父母既威严又慈爱,子女也才会有敬畏之心并谨慎行事,真正从内心生出孝敬之心。

现在不少家长对孩子的管教过于放纵,导致孩子出现一些叛逆的行为。父母对子女不加以教诲,而是一味地溺爱和宠溺,不能够做到既威严又慈爱;父母对孩子的行为习惯、言行举止过于迁就,孩子会觉得自己可以为所欲为。一些本应该被训斥的行为,家长反而轻描淡写,甚至加以鼓励;应该责备的地方,反而一笑了之。这样的纵容导致孩子在成长过程中会误以为有些事情的处理方式理应就是那种错误的方式。等到有一天孩子真的养成了骄纵蛮横的行为习惯之后,便很难改正了。家长到那时再去管教,也为时已晚,父母的威信也再难树立。这样的孩子随着年龄的增长会渐渐暴露出许多不如人的地方,他们会开始责备父母,对父母的怨恨可能会加深。长大之后,他们终究会一事无成,同时还可能把失败归咎于父母的不帮扶。孔子说过:"少成若天性,习惯如自然。"

所以,现在的父母应该做的不仅仅是从孩子的婴儿时期就开始对他进行教育,更为重要的是反思自己的教育方式是否得当。只有既威严又慈爱的父母,才能在孩子长大后赢得真正的尊敬,孩子也才能建立良好的行为习惯。

日积月累

种瓜得瓜,种豆得豆。

前人栽树,后人乘凉。

知识拓展

卫国之祸

卫庄公有位宠妾,生了儿子州吁。州吁长大后,喜好军事,庄公就让他统领军队。老臣石碏劝谏庄公说:"庶子喜好军事,您就让他统领军队,祸乱就会从这里兴起。"庄公不以为然。庄公死后,桓公即位。州吁暗中收聚卫国逃亡的人,借机刺杀了桓公,自立为卫君,但是卫国人都不爱戴他,后来被臣子以进献美食的名义派人杀死。

卫国经此之后,内乱不断,逐渐没落。

王僧辩母教子严厉

> **经典原文**

王大司马母魏夫人，性甚严正；王在湓城时，为三千人将，年逾四十，少不如意，犹捶挞之，故能成其勋业。梁元帝时，有一学士，聪敏有才，为父所宠，失于教义：一言之是，遍于行路，终年誉之；一行之非，掩藏文饰，冀其自改。年登婚宦，暴慢日滋，竟以言语不择，为周逖抽肠衅鼓云。

——《颜氏家训·教子》

大司马王僧辩的母亲魏夫人，品性非常严谨方正。王僧辩在湓城的时候，是统率三千人的将领，年纪已过四十了，但是只要做了什么稍微不合魏夫人心意的事情，魏夫人便还是以棍棒来教训他，所以最后王僧辩才能够建功立业。

梁元帝时，有个学子很聪明也很有才气，老父亲很宠爱他，但是不重视对他的教育：这孩子要是说对了一句话，他父亲恨不得让过往的行人全知道，一年到头都称赞他；要是有一件事情做错了，父亲就为他百般遮掩粉饰，希望他自己能觉悟能改正。于是，这个孩子到成家立业的年纪，凶暴傲慢的言行便与日俱增，最终因为言语的不检点，被周逖抽出肠子，血被拿去涂鼓。

这两个故事形成了鲜明的对比。孩子犯错时,每个父母在批评孩子的时候也都有心痛和不忍,可是要是不对孩子的错误进行严厉批评,长远来看对孩子的性格和今后处事方式是没有什么好处的。那些狠不下心来责骂孩子的父母其实也并不是故意要纵容他们的错误,只是难于狠心责骂,担心孩子内心承受不了或者担心损伤小孩子的颜面。所有的孩子都会犯错,如果一味地避重就轻,忽略孩子犯的错误,日积月累,他们以后可能在社会中犯大错。所以宁愿在孩子小的时候对其错误严厉批评,让孩子明辨是非,他们才会在成长过程中不断来修正自己的行为。若是指望孩子小时候就能自我修正也是不现实的,小孩子的认知有限,当他还没有明确地知道什么是对什么是错的时候,你又怎么能指望他对自己不适当的行为进行自我修正呢?

再想想那些勤于督促教训孩子的父母,其实就是把孩子的坏毛病当作疾病来治疗的,一切都是为了孩子的将来不得已而为之。父母的用心良苦,亘古不变。

日积月累

不以规矩,不能成方圆。——《孟子》

知识拓展

位列名将

唐时,颜真卿向唐德宗建议,追封古代名将六十四人,并为他们设庙享奠,其中就包括王僧辩。宋时,依照唐代惯例,为古代名将设庙,七十二位名将中也包括王僧辩。

上行下效以治家

> **经典原文**

夫风化者,自上行而下者也,自先而施于后者也。是以父不慈则子不孝,兄不友则弟不恭,夫不义则妇不顺矣。

——《颜氏家训·治家》

《颜氏家训》中提到中有段话提到"上行下效",意思是:一般来说,任何教育教化,都是先从上面开始实行,然后下面的效仿;自己先实行,给后人做示范,让后人实施。所以,父亲不慈爱带来的会是儿子的不孝顺;兄长的不友爱,会导致弟弟的不恭敬;丈夫若是不仁义,那么妻子也难以柔顺。

从古人的话语中我们可以看出,所谓的家教其实就是家长展示的行为示范,作为长辈不仅仅应该时刻注意自己的行为,更要意识到自己应该给晚辈做出示范和表率。孩子天生具有模仿能力,若是长辈的行为存在偏颇,那么孩子自然而然也会模仿出来。生活中人们常会说孩子与家长是"一个模子印出来的",其实也是一样的道理。

曾经有这样一个电视广告:一个女人在家里为辛苦了大半辈子的母亲洗脚,边洗边感谢母亲一生辛苦。这一幕就被这个女人的女儿看到了,于是,当女人也劳累了一天之后,小女儿也打了一盆水来给妈妈洗脚。这个广告就是要让我们知道,作为家长,你对于孩子行为的影响力有多大。想要孩子能够理解自己的辛苦,那自己先得理解自己父母的辛苦。

生活中,孩子有样学样的例子并不少见。作为父母若是想让孩子今后孝顺你,那么你必先孝顺你的父母。在孩子面前,即使是面对年迈的父母,也应该耐心地帮他们做事,或者为他们讲解生活中的事情。这样自己的孩子看到了,也会有样学样,那么作为父母也大可不必担心将来孩子会不孝顺自己了。反思一下,如今我们有多少人在父母遇到手机技术问题的时候能够耐心地讲解和教父母使用那些功能,是不是讲两句就没有耐心了呢?每当这个时候,请想一想,你希望你的孩子以后是否也以相同的方式来对待你呢?

日积月累

青,取之于蓝,而青于蓝。——《荀子》

知识拓展

颜氏子孙

颜氏家族后人人才辈出,留于史书的不下数人。

颜之推的孙子颜师古,继承了家学,是隋唐训诂学家。有"小颜"之称。

颜师古的三弟颜勤礼,工于篆籀,尤精训诂,和大哥颜师古、二哥颜相时同为弘文、崇贤两馆学士,校定经史。不过他的名字最为常见处应该是在他的重孙颜真卿所写的书法作品《颜勤礼碑》中。

能守一职，便无愧耳

> **经典原文**

士君子之处世，贵能有益于物耳，不徒高谈虚论，左琴右书，以费人君禄位也。国之用材，大较不过六事：一则朝廷之臣，取其鉴达治体，经纶博雅；二则文史之臣，取其著述宪章，不忘前古；三则军旅之臣，取其断决有谋，强干习事；四则藩屏之臣，取其明练风俗，清白爱民；五则使命之臣，取其识变从宜，不辱君命；六则兴造之臣，取其程功节费，开略有术，此则皆勤学守行者所能办也。人性有长短，岂责具美于六涂哉？但当皆晓指趣，能守一职，便无愧耳。

——《颜氏家训·涉务》

《颜氏家训》中谈论教育时说"能守一职，便无愧耳"，意思是：士人君子处世之道，重要的是能够做一些有益的事，不要只会高谈阔论、纸上谈兵，不要只会成天弹琴读书，这样就浪费了君王给他们的俸禄了。国家用人，大概就是这六种：

一是朝廷的大臣，任用他们是因为他们通晓国家和朝廷的体制纲要，能够帮助治理国家，而且他们饱读诗书，满腹经纶；

二是负责文史的大臣,任用他们是因为他们能够撰述典章制度,阐释前代兴亡之由,让今人不忘前人的经验和教训;

三是军队的大臣,任用他们是因为他们有决断力并且有勇有谋,强力干练,熟悉战阵;

四是管理各地的大臣,任用他们是因为他们熟悉各地方的风俗,清正廉洁,爱护百姓;

五是外交大使,任用他们是因为他们能在各种复杂的情况下随机应变,不辱君王使命;

六是负责建造的大臣,任用他们是因为他们懂得建造工程,能够节省费用,开创筹划有方法。这些都是只有恪守职责的人能够做到的。

每个人的才能都在不同的方面有长短,怎么能要求一个人同时具有以上六个方面的才能呢?但是,对于以上那些方面还是要有一点了解,而能够做好以上一个方面,也就问心无愧了。

以上就是颜氏的教育观,一个国家包括了六个方面的要素,而一个人也应该对上述的六个方面有个大致的了解,也就是说应该全面发展。除了全面发展,也应该选择一个方面专心研究,专注于这个领域。其实,只专注于一个领域并非一件容易的事,要真正跟着自己的内心选择走下去,全力以赴、尽职尽责。能做到这样的人,那必然也是能够终身学习、德才兼备之人。

有了良好的德行,就有了做好事情的基础,然后就要在自己感兴趣的领域专注下来、探索下去,这也是培养专才非常重要的部分。

日积月累

鞠躬尽瘁,死而后已。——[三国·蜀]诸葛亮

知识拓展

清谈误政

魏晋时期崇尚虚无,空谈名理。上承汉末的清议,从品评人物转向以谈玄为主。以《周易》《老子》《庄子》"三玄"为基本内容,用老庄思想解释儒家经义,摒弃世务,专谈本末、体用、有无、性命等抽象的玄理。这是这一时期士族们用以逃避现实的生活态度和思想意识。

南朝后期,士族子弟没有几个能办实事的,因此朝廷不得不借庶族寒士来处理事务。士族出身的颜之推对不办实事、形同废物的士族子弟进行了谴责,主张士大夫处世要抛弃清高,求真务实,这样才于国于己有利。

过分宠溺终致祸

经典原文

齐武成帝子琅邪王,太子母弟也,生而聪慧,帝及后并笃爱之,衣服饮食,与东宫相准。帝每面称之曰:

"此黠儿也，当有所成。"及太子即位，王居别宫，礼数优僭，不与诸王等；太后犹谓不足，常以为言。年十许岁，骄恣无节，器服玩好，必拟乘舆；常朝南殿，见典御进新冰，钩盾献早李，还索不得，遂大怒，诟曰："至尊已有，我何意无？"不知分齐，率皆如此。识者多有叔段、州吁之讥。后嫌宰相，遂矫诏斩之，又惧有救，乃勒麾下军士，防守殿门；既无反心，受劳而罢，后竟坐此幽薨。

——《颜氏家训·教子》

北齐武成帝的儿子琅琊王高俨是太子高纬的同母弟弟，他生性聪明，父皇和母后都非常疼爱他，他的衣服和吃的东西都和东宫的太子是一个标准的。武成帝也总是当面夸奖他："你真是个聪明的孩子，以后一定会有作为的。"

等到太子高纬继位后，琅琊王高俨就搬到了别的宫殿居住，可是他依然受到了和别的皇子不一样的厚待；太后依旧觉得不够，经常在高纬面前抱怨对他照顾不周。琅琊王十来岁的时候，已经是被骄纵到没有节制的地步了，一旦有什么好玩的东西他一定要和皇帝相比。曾经有一次，他去南殿朝拜，看到典御官、钩盾令向皇上进贡新取出的冰和早熟的李子，回府后就派人索要这些东西，没有得到就大发脾气："皇上有的，为什么我没有？"他不懂得谨守为臣的本分，行为大都如此。有识之士就在背后讥讽他是共叔段、州吁。后来，他讨厌一个宰相，就传假圣旨想把那个宰相杀了，可是他又害怕别人来营救那个宰相,于是就命令手下的军士守在殿门外。尽管高俨没有反叛的心,后来受到安抚以后也撤了兵,最后还是被密令处死了。

琅琊王高俨的人生结局并不是偶然的,从某种程度上来说是必然的。小的时候被宠爱得太多,所有的要求一味地被满足,从来没有自己努力去做过什么事,而且欲望无度,随着长辈的纵容他自己也越来越放肆。这样的教育方式使得他长大以后形成了一种贪图享乐、安于不劳而获的性情。不仅如此,还什么都想要最好的,不能容忍别人的比自己的好,事事攀比,这种自私自利的性格也是从小积攒而成的。然而,他对自己的种种恶习并不自知,对别人的讥讽抱以漠然的态度大概才是最可怕的吧。

高俨的经历对于我们如今的教育也是一个比较典型的反面例子。虽然我们并非皇室之人,可是如今的生活水平也已经很好了,有的家长希望孩子能享受最好的东西,不要吃苦;还有家长一味满足孩子的需求,即使孩子犯错也不会责罚,致使孩子做事完全没有责任心。其实,毫无原则地提供孩子想要的东西,最终孩子可能会形成攀比与不劳而获的心理。所以说,宠爱不是不可以,关键是能不能很好地掌握那个"度",若是恰当,可能孩子今后会成功;若是失去了"度",也可能让孩子走上歧途。

日积月累

无情未必真豪杰,怜子如何不丈夫。——鲁迅《答客诮》

知识拓展

郑伯克段于鄢

春秋时,郑庄公的弟弟共叔段深受母亲武姜的宠爱,武姜屡次请求郑武公废长立幼。庄公即位后,姜氏又一而再再而三地为共叔段谋求利益。不断地骄纵,让共叔段兴起了野心,于是谋划夺取哥哥庄公的君位,庄公发现后,以此讨伐共叔段,终于在鄢城打败他。

学艺者,触地而安

经典原文

梁朝全盛之时,贵游子弟,多无学术,至于谚云:"上车不落则著作,体中何如则秘书。"无不熏衣剃面,傅粉施朱,驾长檐车,跟高齿屐,坐棋子方褥,凭斑丝隐囊,列器玩于左右,从容出入,望若神仙。明经求第,则顾人答策;三九公宴,则假手赋诗。当尔之时,亦快士也。及离乱之后,朝市迁革。铨衡选举,非复曩者之亲;当路秉权,不见昔时之党。求诸身而无所得,施之世而无所用。被褐而丧珠,失皮而露质,兀若枯木,泊若穷流,鹿独戎马之间,转死沟壑之际。当尔之时,诚驽材也。有学艺者,触地而安。自荒乱以来,诸见俘虏,虽百世小人,知读《论语》《孝经》者,尚为人师;虽千载冠冕,不晓书记者,莫不耕田养马。以此观之,安可不自勉耶?若能常保数百卷书,千载终不为小人也。

——《颜氏家训·勉学》

梁朝全盛时期,贵族子弟大多数都是不学无术的,以至当时有这样一句话:"上车不落则著作,体中何如则秘书。"意思是:到了上车的时候不会掉下来的年龄,就可以当著作郎了;到了能写出"身体可好"这种问候语的年龄,就可以做秘书郎了。

那个时候,贵族弟子都注重外貌和衣着打扮,会用香薰熏衣服,修容剃面,涂抹脂粉,乘坐长檐车,穿的鞋都是高跟齿屐,坐的是织有方格图案的丝绸坐褥,倚的都是色彩斑斓的靠枕,玩赏之物摆放在身边,从容地进出,看上去像神仙一样。可是,到了考功名的时候,他们就雇人去考;去参加三公九卿的宴会时,就假借别人的诗词来冒充自己的。当时倒是也挺像有识之士的。等到发生暴乱以后,当朝局势开始改变。掌握考察选拔官吏大权的人,也不再是自己的亲戚了;那些掌管朝政大权的人,也不再是旧日的同党了。

这个时候他们想依靠自己,却一无所长;想跻身社会,又毫无本事。他们就像身着粗布,丧失了怀中的珠宝,失去了唬人的外衣,暴露了本来面目,呆头呆脑像干枯的树木,有气无力像断流的河床,在兵荒马乱中颠沛流离,最后抛尸于荒野沟壑之中。在这种时候，他们就成了道道地地的蠢材了。而那些有真本事的人，才真正能够在乱世中安身立命。

　　自乱世以来，我见过不少俘虏，其中有些人虽世代都是平民百姓，但由于懂得《论语》《孝经》，还可以给别人当老师；有的人即使是年代久远的世家大族子弟，却不知道如何读书写字，都沦落去耕田养马了。所以，照这样看来，人怎么能不勉励自己刻苦学习呢？要是能够用上几百卷书的内容来指导自己的行为，就是再过一千年也不会沦为低贱小人的。

　　读了以上这则家训，只能感叹，无论身处何时何地，勤学自勉是一件多么重要的事情。官宦子弟有上好的学习条件，可是他们贪图享乐，不懂得珍惜，最终一事无成。俗话说："三十年河东，三十年河西"，富贵也不一定能维持一辈子，没有人知道将来会发生什么。到了战乱的时候，他们没有本事，什么都不会，也就难以生存下去了。而平时那些平民百姓，勤勉苦学，也许生活条件远不如官宦子弟，可是他们真正学到了知识。战乱时，他们凭借自己的知识，才能够生存下去。所以，不论身在何处，只有自己学到的本领才是自己的，只有自己获得的知识才是自己的；这些是无论世事怎么变迁它都不会消失或者减少的。这则家训还给我们另一个启示：你学到手的东西一定会有用。有些知识也许当时没有用上，但也一定不会白白浪费。没有人知道人生在世会发生什么，会经历什么；也没人能预测人生会在下一秒发生什么颠覆性的变化。所以，我们要做的就是不要浪费生命，在有限的时间中去学知识，去做自己应该做和自己想做的事情。

日积月累

由俭入奢易,由奢入俭难。——[北宋]司马光

知识拓展

五十五年的梁朝

南朝梁是中国南北朝时期的南朝第三个朝代,历时五十五年。虽然时间较短,但确是门阀士族地位急转直下的一个关键节点。

在梁武帝的治理之下,南朝梁相对安定,经济文化发展的都不错。门阀士族把持朝政,享受特殊资源,占有大量土地,等级制度非常严苛。出身名门的子弟醉生梦死,空谈玄虚;寒门庶族大多做的是低级职务,待遇低下,事务繁重;百姓则被沉重的赋税压迫于水深火热之中。

北朝叛将侯景欲求娶王、谢两家的女儿,但梁武帝觉得他高攀不上这样的高贵门第,最终侯景娶了皇族女。此后,侯景耿耿于怀,以"清君侧"为名发动了侯景之乱,在江南地区对门阀士族进行了大肆杀戮,门阀士族逐渐走向衰落,寒门庶族趁机崛起,接替了士族的政治地位。

元稹诲侄等书

经典原文

吾家世俭贫,先人遗训常恐置产怠子孙,故家无樵苏之地,尔所详也。吾窃见吾兄,自二十年来,以下士之禄,持窭绝之家,其间半是乞丐羁游,以相给足。……有父如此,尚不足为汝师乎?

……吾幼乏岐嶷,十岁知文,……每借书于齐仓曹家,徒步执卷,就陆姊夫师授,栖栖勤勤其始也若此。至年十五,得明经及第,因捧先人旧书,于西窗下钻仰沉吟,仅于不窥园井矣。……

汝等又见吾自为御史来,效职无避祸之心,临事有致命之志,尚知之乎?吾此意虽吾弟兄未忍及此,盖以往岁忝职谏官,不忍小见,妄干朝听,谪弃河南,泣血西归,生死无告。不幸余命不殒,重戴冠缨,常誓效死君前,扬名后代,殁有以谢先人于地下耳。

……今汝等父母天地,兄弟成行,不于此时佩服诗书,以求荣达,其为人耶?其曰人耶?

——《诲侄等书》

唐朝著名诗人元稹(779—831)曾写家书致家中的晚辈,用自己的亲身经历教导晚辈做事要能吃苦耐劳,为人要谨言慎行。书信大致意思是:

元氏家族贫困节俭,先人遗训常怕置办产业会让子孙懒惰,所以家里没有薄田可种,你们也都知道这个情况。我私下看见我的兄长,二十年以来,用最低的俸禄来维持穷困至极的家庭,其中一半要靠奔波在外,向人乞求,也才能勉强养家。……父亲如此,难道不能为你们起表率作用吗?我小时候没有什么高深的见识,十岁的时候才懂得道理,……常到齐仓曹家借书,徒步拿着书卷,到姐夫陆翰那里拜师求教,那是我辛勤忙碌读书的开始。到了十五岁时明经及第,于是就捧着先人的旧书,在西窗下研读深思,用功到时常不出门的地步。……你们又看到我做了御史以来,效命于自己的职守而从来没有避祸的念头,遇到事情就有舍弃生命的心志,这些你们都知道吗?我的这些想法,即使我们兄弟之间也不忍心谈及,因为我往年任谏官时,忍不住发表个人意见,妄图干涉朝政,被贬谪河南,泣血往西,生与死没法确定。不幸之中我的残命得以保全,重新担任官职,经常发誓要为君王效命,扬名于后世,死了以后就可以告慰祖先了。……你们现在父母健在,兄弟成行,不在这时候发奋读书,以求今后荣宗显达,那还算人吗,那还可以叫人?

元稹早年家贫,不过他明经及第,后来在朝中任监察御史,因得罪了宦官及权臣,被贬为江陵士曹参军。后来又转而依附宦官,重新为官。他用自己的亲身事例告诫自己的子孙后代,从小要懂得吃苦耐劳,学习的时候要能吃苦,要能坚持。以后在仕途中也要处处小心,自己的仕途起落也是子孙后代的前车之鉴。他告诫孩子们要懂得珍惜光阴,在年少时发愤读书,今后才能成人,才能有一番事业。

前人的经历,是后人的指导。可是,有时候我们不在意这些教导,总认为当如今生活条件好了,就不必再吃苦耐劳了。其实,所谓的吃苦耐劳不仅仅是身体上的苦,生活条件好了那更要吃精神上的苦,做事能够坚持,能够不畏惧挫折和失败,有一次又一次从头开始的勇气,这才是如今的吃苦。虽然时代变了,但是吃苦耐劳仍然是亘古不变的教诲。不吃苦,必吃亏。

日积月累

少年易老学难成,一寸光阴不可轻。——[南宋]朱熹

知识拓展

垂死病中惊坐起

元稹和白居易并称"元白",二人因诗歌理论观点相近,是莫逆之交,常有诗歌唱和。最有名的一首就是元稹于重病之中听闻白居易贬官后写的《闻乐天授江州司马》:

残灯无焰影幢幢,此夕闻君谪九江。
垂死病中惊坐起,暗风吹雨入寒窗。

《钱氏家训》中的家教

《钱氏家训》是后唐时期吴越国王钱镠(852—932)留给后代子孙的精神遗产,内容分为:个人篇、家庭篇、社会篇和国家篇四大部分。书中提出"子孙虽愚,诗书需读"的家训,以此约束后代的行为并强调家庭教育的重要性。此书被钱氏子孙代代相传,为钱家世代为人处世、持家治国提供了行为范本,同时也成就了钱氏子孙中的诸多名人,例如并称为"三钱"的钱学森、钱三强和钱伟长三位著名科学家,他们一直遵从先祖的遗训,谨记家庭教育和传统教育的教诲,在中国科学史上留下了不可磨灭的一笔。

个人篇

经典原文

> 心术不可得罪于天地,言行皆当无愧于圣贤。
> 曾子之三省勿忘,程子之中箴宜佩。
> 持躬不可不谨严,临财不可不廉介。
> 处事不可不决断,存心不可不宽厚。
> 尽前行者地步窄,向后看者眼界宽。

花繁柳密处拨得开,方见手段。

风狂雨骤时立得定,才是脚跟。

能改过则天地不怒,能安分则鬼神无权。

读经传则根柢深,看史鉴则议论伟。

能文章则称述多,蓄道德则福报厚。

——《钱氏家训》

《钱氏家训》对于个人也是有着极为严格和完备的要求,我们可以在此解读一下。

这则家训的大意是:一个人做事情不可以违背天地间的规律和正义,言行举止都应该无愧于先祖圣贤。

曾子说过"一日三省",这样的教诲不能够忘记;程子(程颐)用"四箴"来警示自己,这样的箴言也是要珍存的。秉持谦恭的态度时不可以不严谨,面对财富的时候不能够不清廉。处理事务的时候不可以没有决断性,要果断;同时要有宽厚之心。若是只知道一味地向前,那么道路也只会越来越狭窄,人要时常回头看看自己来时的路,这样眼界才会慢慢变宽。能够走出花丛繁茂柳树成荫的地方,那才能显示出一个人的本领。在狂风暴雨中能够稳住脚跟,站得稳,才算是立了脚跟。要是一个人犯错能够改正,则天地也不会生气;能够安稳守本分,那么鬼神也无权责怪你。熟读经书古籍知识的根基才会深厚,博览历史评鉴之后才能说得出独到的见解。擅长写文章才会有丰富的著作,完善自己的道德才能有丰厚的回报。

《钱氏家训》中,对个人道德的约束是很多的。从个人品德、涵养,一直到要求饱读诗书,有错能改,对一个人性格塑造以及处事方式都做出了要求。这是古人的家规,也就是说若是你生在这个家族中,就有这样的规则来约束个人的行为。

日积月累

读书百遍,而义自见。——[三国·魏]董遇

见善则迁,有过则改。——《周易》

过而不改,是谓过矣。——《论语》

人谁无过?过而能改,善莫大焉。——《左传》

改过不吝,从善如流。——[北宋]苏轼

灯不拨不亮,理不辩不明。

有理走遍天下,无理寸步难行。

知识拓展

钱学森指出错误

1933年6月24日,一次水力学考试后,钱学森毫无例外地获得了满分。但是钱学森确是满腹狐疑,因为考完他就发现自己有一个笔误,将一个公式中的"Ns"写成了"N"。拿到试卷一看,果不其然,那道题就是写错了。于是钱学森跟老师指出了自己的这个笔误,任课老师金教授把他的成绩修改成了96分。这份试卷后来被金教授珍藏了起来,1979年捐给了母校交通大学。

家庭篇

> **经典原文**
>
> 欲造优美之家庭,须立良好之规则。
>
> 内外六间整洁,尊卑次序谨严。
>
> 父母伯叔孝敬欢愉,妯娌弟兄和睦友爱。
>
> 祖宗虽远,祭祀宜诚。
>
> 子孙虽愚,诗书须读。
>
> 娶媳求淑女,勿计妆奁。
>
> 嫁女择佳婿,勿慕富贵。
>
> 家富提携宗族,置义塾与公田;岁饥赈济亲朋,筹仁浆与义粟。
>
> 勤俭为本,自必丰亨。
>
> 忠厚传家,乃能长久。
>
> ——《钱氏家训》

《钱氏家训》中的家庭篇主要是说,若是你想营造一个幸福美好的家庭,就要建立良好的家规。大致的家规有这些:

屋子里外都要干净整洁,长幼之间要有严格的秩序。对父母叔伯要孝敬他们,为他们带去欢乐,而对妯娌和兄弟们也要和睦相处、相互关爱。祖宗虽然已经离我们远去,可是祭祀的时候还是要虔诚。就算子孙天分不高,读书也是必要的。找媳妇要找品德贤良的淑女,不要贪图别人的嫁妆。若是女儿出嫁,也要挑选德才兼备的女婿,不要因为羡慕权贵而把自己的女儿嫁出去。家庭富足的时候要尽力帮助和提携家族中的人,设立免费的学校和共用的田地;闹饥荒的年份要学会救济亲戚朋友,要筹备施舍的钱和粮食。勤劳和节俭应该是家庭教育的根本,要是这么做了,一定会丰衣足食。以忠厚为传承家业的信条,这样家业才能长久延续。

《钱氏家训》的家庭篇,为一个大家庭营造出和谐的氛围,所谓家和万事兴,只有家庭的和睦,亲戚之间互相友爱、帮助,才能使得家族振兴。

日积月累

一粥一饭,当思来处不易;半丝半缕,恒念物力维艰。——[清]朱用纯

知识拓展

满门才俊

常言说,虎父无犬子。在两弹一星元勋钱三强家的确如此,父亲是享誉世界的杰出物理学家,大女儿钱祖玄20世纪90年代在法国获得博士学位,多次回国参加中法之间粒子物理和网格计算等领域的合作研究;二女儿钱民协1990年在中科院化学所获得博士学位,后任北京大学化学学院教授;儿子

钱思进1985年在美国伊利诺伊理工大学获得博士学位,后为北京大学物理学院教授、欧洲核子研究中心客座研究员。

社会篇

经典原文

> 信交朋友,惠普乡邻。
> 矜孤恤寡,敬老怀幼。
> 救灾周急,排难解纷。
> 修桥路以利从行,造河船以济众渡。
> 兴启蒙之义塾,设积谷之社仓。
> 私见尽要铲除,公益概行提倡。
> 不见利而起谋,不见才而生嫉。
> 小人固当远,断不可显为仇敌。
> 君子固当亲,亦不可曲为附和。
>
> ——《钱氏家训》

每个人都是社会的一分子,《钱氏家训》中对存在于社会中的人也有着行为的约束。对此,家训中这样教导:

要用诚信的态度去交朋友,有了好处要分享给乡邻。要体恤孤寡老人和失去父母的孤儿,要尊老爱幼。若是发生灾情,要救济受灾的人们,去接济他们的需要,帮他们排忧解难,解决纷争。要多修路架桥,以方便人们出行;要多造船来帮助人们过河。要兴办供孩子启蒙教育的学堂,设立贮存粮食救济社会大众的粮仓。个人偏见要根除,公众的利益要提倡。不要看见利益就想谋取,也不要看见别人有才能就心生嫉妒。小人固然是要疏远的,可是不能明显地把他当作仇敌来憎恨,以免结仇。君子理应与之亲近,但是也不可以一味地附和他。

社会篇对于个人的约束,倡导交友要诚信,在和别人相处时要自谦,要造福于大众,不做只利己不利人的事情。同时,也说明了,所有的社会交往都是应该有原则的,不能一味附和别人而失去了自我。

日积月累

与人善言,暖于布帛;伤人以言,深于矛戟。——《荀子》

知识拓展

姓钱不爱钱

在工资收入之外,钱学森还有一些稿费收入,但他每当有了稿费总是毫不犹豫地捐出去,因为他觉得:我的生活已经可以了,还有许多人更困难、更需要帮助。1995年,钱学森获得了"何梁何利优秀奖",奖金100万元港币。这笔奖金汇到后,钱学森立马写了委托书,授权秘书把钱转交给促进沙漠产业发展基金管委会,用于支援西部的沙漠治理。

国家篇

> **经典原文**
>
> 执法如山,守身如玉,爱民如子,去蠹如仇。
>
> 严以驭役,宽以恤民。
>
> 官肯著意一分,民受十分之惠;上能吃苦一点,民沾万点之恩。
>
> 利在一身勿谋也,利在天下者必谋之。
>
> 利在一时固谋也,利在万世者更谋之。
>
> 大智兴邦,不过集众思;大愚误国,只为好自用。
>
> 聪明睿智,守之以愚。
>
> 功被天下,守之以让。
>
> 勇力振世,守之以怯。
>
> 富有四海,守之以谦。
>
> 庙堂之上,以养正气为先。
>
> 海宇之内,以养元气为本。
>
> 务本节用则国富;进贤使能则国强;兴学育才则国盛;交邻有道则国安。
>
> ——《钱氏家训》

这则家训的大意是：

执法要如山一样，不可动摇，要有威严；保护自己的清白应该像保护洁白无瑕的玉一般；爱护子民要像爱护自己的子女一样，除去不好东西的时候要像对待仇敌一般彻底。对待自己的下属要严格，可是要以宽厚之心去体恤子民。官员若是愿意多出一分心力老百姓就能够得十分的利益；自己若是能够吃一点苦，老百姓就能够得到万倍的恩惠。凡事要是只有自己一人得利就不要去做了，若是天下老百姓都能够得到恩惠的事情，那一定要去做。如果一件事有一时的利益也应该去做，若是存在于万世的利益那就更是要去做。有过人智慧的人必能够使国家强盛，不过国家的强盛也是因为汇集了众多人的思想；愚笨的人必会败坏国家大事，因为常常自以为是。

聪慧过人，也要以看起来愚笨的方式守住。功高盖世，也要学会礼让。勇敢威猛让世间震惊，那么也要用胆怯来掩饰。富贵到拥有了天下，那么也要谦虚低调地行事。在朝廷中，首先要做到的是培养一身正气。普天之下，则要把培养元气作为根本。抓住生财的根本，尽量节约，那么国家才会富足；任用贤才，国家才会强大；兴办学校培育人才，国家才会日益强盛；与邻国交往要讲道义，这样国家才会安定。

《钱氏家训》之国家篇，指出了作为国家一员应该如何要求自己，从"修身、齐家、治国"这些方面都谈到了应该如何要求自己，应该如何规范自己的行为。其中具体是从个人到家庭，再到社会，最后乃至整个国家的管理。对不同的社会地位、不同的社会角色，都有不同的行为规范准则来规范。若能做到以上要求，那国家必定会安定兴旺。

日积月累

捐躯赴国难,视死忽如归。——[三国·魏]曹植

祖宗疆土,当以死守,不可以尺寸与人。——[北宋]李纲

位卑未敢忘忧国。——[南宋]陆游

兵来将挡,水来土掩。

不入虎穴,焉得虎子。

知识拓展

弃文从理

钱伟长本来考入的是清华大学历史系,学的是文科。但在他进入历史系的第二天爆发了九一八事变,国民党奉行不抵抗政策,说中国必败,因为日本有飞机大炮。钱伟长因此决心弃文从理,要学习造飞机大炮。刚开始,物理系主任不愿意收他,经不住他软磨硬泡,勉强同意他试学一段时间。为了能尽早赶上课程,钱伟长在宿舍、教室、图书馆三点一线地刻苦学习,毕业时成为物理系中成绩最好的学生之一。

司马光奉劝家人莫要依仗声势

经典原文

近蒙圣恩除门下侍郎,举朝嫉者何可胜数。而独以愚直之性处于其间,如一片黄叶在烈风中,几何不危坠也!是以受命以来,有惧而无喜。汝辈当识此意,倍须谦恭退让,不得恃赖我声势,作不公不法,搅扰官司,侵陵小民,使为乡人此厌苦,则我之祸,皆起于汝辈,亦不如人也。

——《与侄书》

北宋史学家司马光(1019—1086)官至尚书左仆射兼门下侍郎(即首相),但一生克勤克俭,廉洁奉公。他不仅严于律己,对自己的家人也严格要求。

司马光曾在《与侄书》中教导他的家人:

近来承蒙皇上恩典,任命我为门下侍郎,满朝上下都有嫉妒我的人。而我生性直率,处在这样的环境中,就像一片黄叶飘在凛冽的风中,能保持多久不会坠落呀!所以自从任命以来,我只感到惧怕，并没有感到欢喜。你们要理解我的境遇，在外遇到什么事情都要加倍地谦恭礼让，不要依仗我的权势就做一些不法之事，扰民扰官，欺压百姓，使得乡里人都痛恨你们，要是这样，那么我的祸患就是因你们而起，你们就连一个普通老百姓都不如了。

这是司马光做官时对家里人的教诲，正是因为他有官职在身，因此奉劝家人要更加小心行事，更加恭敬礼让，要他们不要依仗自己的权势去做一些损人利己的事情。

社会上总有一些人仰仗着自己亲人的一官半职，行事不管不顾，作风大胆无畏，自认为很威风，但其实只是在给家人丢脸，让家族蒙羞。若是利用这样的条件谋求一己之利，最终只会招来祸端。

日积月累

多行不义，必自毙。——《左传》

知识拓展

仅容旋马

《训俭示康》是司马光写给儿子的一篇著名家训。文中司马光举了很多例子来说明俭为美德、成由勤俭的道理，其中有一则宋真宗时的宰相李沆的故事。话说李沆在做宰相的时候，在汴京封丘门内建造了一所宅第，大厅前的空间仅仅只够转开一匹马。有人说这样太狭小了，但是李沆说："房子是传给子孙的。这要是作为宰相办公的大厅实在是狭小了点，但是作为太祝、奉礼郎的厅堂已经很宽敞了。"

陆游教子:不必羡慕他人

> **经典原文**

　　世之贪夫溪壑无餍,固不足责。至若常人之情,见他人服玩不能不动,亦是一病。大抵人情慕其所无,厌其所有。但念此物,若我有之竟亦何用,使人歆艳于我何补,如是思之,贪求自息。若夫天性澹然,或学已到者,固无待此也。

——《放翁家训》

　　南宋诗人陆游(1125—1210)曾经教导他的孩子不要贪心。他曾告诫他的后代:一个人要是有贪婪之心就会变得欲壑难填。其实一个人看到他人美丽的衣服和珍奇宝物,不由得怦然心动,也是一个大毛病。大多数人都是羡慕别人有而自己没有的东西,却不会记得自己有的东西。但是你们仔细想一想:你真的需要别人拥有的那个东西吗?还是说你只是想别人来羡慕你,这对自己又有什么好处呢?如果你能够如此思考一下,那么贪婪之心也就无影无踪了。那些天性淡然或学问已经达到一定境界的人,当然就不会有这样的想法了。

陆游教育后代不要有贪婪之心,不要羡慕别人所得,也不要让别人来羡慕自己,要保持心态的淡然。这种做人的心态对我们很有启示意义。其实,在生活中,若是你看到别人得到了你想要的东西,难免心生羡慕;或者你得到了别人想要的东西,那么也会使得别人来羡慕你。可是,其实生活大可不必以如此心态度过。我们常常只是在羡慕别人的表面,我们看到的也只是表面而已。思考一下,别人虽是光鲜亮丽,可是背后默默付出多少你是否看到,而这样的付出你又是否能做到。没有人可以随随便便得到什么,或者随随便便成功。试想,若是自己忍受不了别人受过的那份艰辛,那么也不必羡慕别人所得。不要总是把眼睛盯在别人身上,很多时候看看自己所拥有的东西,应该惜福。你怎么知道你拥有的东西不是别人向往的呢?

若是你拥有的东西正是别人所羡慕的,你也大可不必招摇或者是骄傲炫耀。有了一点小小的成就,应该低调小心,不要张扬,招来羡慕有时候并不是什么好事。正如陆游所说,有什么用呢?若是不小心招来善妒之人的羡慕,心生嫉妒,那不是等于招来了祸患吗?

不管是别人的还是自己的,通过自己努力得到的东西才是属于自己的,它并不会因为别人的羡慕多一分或者少一分。同样,别人的成就也是。所以,为何不把眼光多放在自己的身上,想想自己到底要什么以及如何好好珍惜自己所拥有的呢?

日积月累

胜人者有力,自胜者强。——《老子》

知识拓展

杜甫的邻居

杜甫在成都有一座草堂,《茅屋为秋风所破歌》中的"安得广厦千万间,大庇天下寒士俱欢颜"让人读起来感慨万千。陆游在川中任职时,在杜甫草堂旁边开辟了菜园,亲自种植。后来辛弃疾到绍兴就任,听说陆游在家,就去探望他。到了陆游家一看,房屋破旧,住得太差了,辛弃疾执意要给陆游重建旧屋,但被陆游用一首《草堂》来拒绝:

幸有湖边旧草堂,敢烦地主筑林塘。

漉残醅瓮葛巾湿,插遍野梅纱帽香。

风紧春寒那可敌,身闲书漏不胜长。

浩歌陌上君无怪,世谱推原自楚狂。

陆游提醒：长辈对聪明孩子更要严加管教

> **经典原文**

后生才锐者，最易坏。若有之，父兄当以为忧，不可以为喜也。切须常加简束，令熟读经子，训以宽厚恭谨，勿令与浮薄者游处。如此十许年，志趣自成。不然，其可虑之事，盖非一端。

——《放翁家训》

这段话的意思是：晚辈中才气拔尖的人最容易染上坏习气。要是有这样的子弟，父亲和兄弟们要以此为忧，不能因此高兴。一定要严加管束，让他熟读经典，用宽厚、恭敬、谨慎的道理来训导他，让他不要与轻浮薄德之人交往。如此教育十来年，他的志趣自然就形成了。不然的话，要为他担忧的事情可就不止一件了。

陆游提醒，长辈对聪明的孩子要更加严加管教。越是聪明越不能放任自流，否则会更容易让他走上歧途。这样的人常常会自以为聪明，按自己的想法做事。可是他们自己的行为其实不一定是对的。自以为是的态度难免导致他们走上歧路,只有严加管教才能够帮他们约束自己的行为,懂得自谦,在人生的道路上少走一些弯路。陆游希望他的话能成为后人的一味良药,并且奉劝他们一定要记住,不要等将来无法挽回了才觉得后悔和遗憾。

这篇家训对我们的启示是:现在的很多孩子都很聪明,家长当然可以以孩子的聪明为骄傲,但如果溺爱孩子,那可能会导致孩子"聪明反被聪明误"。小错不纠今后可能会酿成大祸,那个时候再想纠正恐怕已经来不及了。因此当我们遇到天资聪明的孩子时,要想想古人的家训,也是非常有借鉴意义的。

日积月累

智能之士,不学不成,不问不知。——[东汉]王充

听君一席话,胜读十年书。

知识拓展

伤仲永

历史上最有名的一个小时聪明长大了了的人莫过于方仲永了。小时候,仲永无师自通,提笔写诗,于是名动乡里。仲永十二三岁时,和他同岁的王安石探亲时听说了他的大名,请其作了几首诗,但感觉很一般,不太符合"神童"大名。仲永二十岁时,王安石听亲戚说他已经"泯然众人矣"。

一个神童的没落,源于他的父亲急功近利,没有让仲永好好学习,而是天天拉着他到处显摆,最后白白浪费了过人的天赋。

江端友教子：注意口腹之欲

经典原文

凡饮食知所从来，五谷则人牛稼穑之艰难，天地风雨之顺成，变生作熟皆不容易。肉味则杀生断命，其苦难言，思之令人自不欲食。况过择好恶，又生嗔恚乎！一饱之后，八珍草莱，同为臭腐。随家丰俭，得以充饥便自足矣。门外穷人无数，有尽力辛勤而不得一饱者，有终日饥而不能得食者，吾无功坐食，安可更有所择？若能如此，不惟少欲，易足亦进学之一助也。吾尝谓："欲学道，当以攻苦，食淡为先。"人生直得上寿亦无几，何况逡巡之间便乃隔世，不以此时学道，复性反本，而区区惟事口腹，豢养此身，可谓虚作一世人也。食已无事，经史文典谩读一二篇，皆有益于人，胜别用心也。

——《家诫》

《戒子通录》是南宋初期理学家刘清之(1133—1189)编写的,汇集了西周至宋代有关家庭训诫的言论、诗文、专著等共一百七十二条,是我国现存最早一部集录式家训总集。《四库总目提要》中有记载:"其书博采经史群籍,凡有关庭训者,皆节录其大要,至于母训间教,亦备述焉。"书中强调家庭教育的功能,对中国传统家风家训的传承起了推动作用。

其中有一则,记载了北宋江西派诗人江端友(生卒年不详)的家训。大意是:

吃的喝的要知道是哪里来的,五谷杂粮都是人力和牛力通过劳动而得来的,是风调雨顺才能有的收成,再把生的变成熟的,这些都不容易。吃的肉则是杀生断命得来的,那些动物的痛苦也是难以言喻的,一想到这些真是让人觉得吃不下。更何况还要选择好坏,或者是产生厌嫌之情呢!人吃饱以后,不管是美味佳肴,还是不好的食物,吃到肚子里也都一样腐烂发臭。因而,不管家庭条件多么优越,也要节俭,吃饭能填饱肚子就够了。要知道,家门外面还有无数穷人,也有辛苦劳累却吃不上一顿饱饭的人,有的人整天挨饿也得不到食物,我没什么功劳,还在这里坐享食物,还要挑拣什么呢?如果能做到这样,不仅少欲而且容易满足,那么也可以算是对进学的一大帮助了。我曾经说:"要想学道应当先学会下苦功、吃清淡。"人生能活高寿的人也没几个,何况徘徊之间就可能已经阴阳两隔,不在此刻学道,恢复本性,就只知道满足口腹之饱足,养肥自己的身体,那么也真是虚度了一生。吃完饭没事的时候,就读一两篇经史文典,那么这也是对人有好处的,这样做也胜过把心思放在别处啊!

江端友这么教导他的子孙,是要他们明白,衣食饭饱得来不易,那是通过辛勤劳动换来的。在这个世界上还有很多付出了大量的劳动却没有换来衣食饭饱的人。自己没有付出那么多劳动,就不要挑三拣四,要懂得珍惜别人的劳动成果,也要懂得珍惜自己所拥有的。

人生确实是极为短暂的,若是只求酒足饭饱,什么都不愁,什么都不做,那么也是浪费光阴,最终虚度一生。

这样的教诲对我们现代人是非常有教育意义的。如今我们解决了温饱,但浪费现象却比比皆是。不论是过去还是现在,我们永远不能忽略劳动人民的付出,要珍惜别人的劳动成果。

另外,江端友家训还启示我们:若是我们一直只把自己的目标停留在吃饱穿暖的阶段,我们就是在虚度人生。特别是在现在,人们的衣食已经能被满足,那么我们应该思考一些口腹之欲之外的事情,想想自己的人生到底追求的是什么,想想自己到底想要的是什么。古人尚且能够如此珍惜,对生活的感悟如此深刻,那么在当今吃穿不用太发愁的时代,我们就甘愿碌碌无为过完一生吗?

日积月累

常将有日思无日,莫把无时当有时。

知识拓展

牛酥行

江端友写过一首《牛酥行》讽刺一个官吏向上司行贿未遂之事。有个人在西京做官,亲自煎熬了上百斤牛酥,想送给京师的少师。送去的时候,少师正好外出了,守门人劝他:"你这牛酥大可不必拿出来了。在你之前早有人献过,他送的比你的多了一倍,大人见了,起初心里还不怎么高兴。昨天又有人来献,虽然落后一步,但是用漂亮的漆桶装着,看起来还不错。你今天才来送,还是用青纸包着的,怎么能和前面两个人比?"听了门人的话,这人十分惭愧,拿起牛酥匆匆回去,还想着:今年我的东西实在拿不出手,明年我一定准备妥当,早早送过来,让少师高兴。

唐顺之教弟：理无二致也

> 经典原文

　　行者居者，行迹各别，然理道无二致也，日用工夫无二致也。汝兄在山中若不能谢遣世缘，澄彻此心，或止游玩山水，笑傲度日，是以有限日力作却无益靡费，即与在家何异？汝在家若能忍节嗜欲，痛割俗情，振起十数年懒散气习，将精神归并一路，使读书务为心得，则与在山中何异？艰哉，艰哉！各各努力！

　　居常只见人过，不见己过，此学者切骨病痛，亦学者公共病痛。此后读书做人，须苦切点检自家病痛。盖所恶于人许多病痛，若真知反身，则色色有之也。

——《与二弟书》

　　明代儒学大师唐顺之（1507—1560）曾经教导自己的弟弟唐正之："在外和在家，虽然行为做事会有不一样，但是平时做事做人的道理，大大小小事情对自己的磨炼，却是一样的。我在山中,若是不能摆脱外界的纠缠,把心静下来,或是整天游山玩水,把有限的时间和经历白白消耗掉,那么又与在家里有什么区别呢?要是你在家能够忍耐和节制你的欲望,痛下决心割断世俗之情,去掉这十几年来的懒散习气,集中精力,专心研读,这样与在山中又有什么不同?能做到这样是很艰难的,我们都应该努力做到!平常我们只看到别人的过错,却看不到自己的过错,这是学者共有的毛病。以后读书做人,都要切实检查自己身上的毛病。如果能自我反省,就会发现自己所讨厌的别人身上的毛病,自己也是样样都有!"

唐顺之对其弟的教导,实则是与他共勉。他告诉弟弟无论身在何处,都要约束自己的言行举止。不能在外行事干净利落,在家却懒散怠慢,所谓人前一个样、人后一个样,应该为自己制定一个行为规范准则,无论身在哪里自己的言行都要保持一致。可是真正做到人前人后一致其实很难,所以与君共勉。同时他又说,凡事不要只看着别人的错误,若是你常常自省,就会发现,其实自己身上也有很多别人的错误。

所以说,要在某一刻约束自己的行为并不难,难的是时时刻刻都严格要求自己。所谓慎独,便是要做到无论何时何地都能够管理自己的行为,行事为人都得当也是很难的。通常我们总会把目光放到别人身上,总会盯着别人的错误,殊不知自己身上也都有这些缺点。若是不常常反省,那么只会犯和别人一样的错误而不自知,到头来也只会被别人指点和笑话了。做人要时常提醒自己不要去犯与别人一样的错误;同时也要看到别人的优点,真正做到"择其善者而从之,其不善者而改之"。

日积月累

不饱食以终日,不弃功于寸阴。——[东晋]葛洪

知识拓展

忍节嗜欲

嘉靖十九年(1504),唐顺之因劝谏皇帝不要沉迷炼丹修道,被贬官为民,离开了官场。回乡之后,唐顺之对自己严格要求,用自苦的办法使自己摆脱各种物质欲望的引诱:冬天不生火炉,夏天不扇扇子,出门不坐轿子,床上不铺两层床垫,一年只做一件布衣,一个月只能吃一回肉。

杨继盛教子：立志且去坏心

> ### 经典原文

　　人须要立志。幼时立志为君子，后来多有变为小人的；若初时不先立下一个定志，则中无定向，便无所不为，便为天下之小人，众人皆贱恶你。你发愤立志要做个君子，则不拘作官不作官，人人都敬重你。故吾要你第一先立起志气来。

　　心为人一身之主，如树之根，如果之蒂，最不可先坏了心。心里若是存天理，存公道，则行出来，便都是好事，便是君子这边的人。心里若是存的是人欲，是私意，虽欲行好事，也有始无终，虽欲外面作好人，也被人看破你。如根衰则树枯，蒂坏则果落。故吾要你休把心坏了。

——《谕应尾、应箕两儿》

　　明代著名谏臣杨继盛（1516—1555）教导他的儿子们，做人首先要立志，其次是不能存有坏心。

首先，是立志。有些人小时候想要成为有德的人，后来多有变成了无德的人；当初不先立下一个肯定的志向，日后就会没有了方向，于是就慢慢变得无所不为，最后变成一个天下无德的小人，人人都会憎恶。若是你发愤立志要做一个有德的人，那么无论你当不当官，人们都会敬重你。所以他要孩子们先立志。

其次，心是一个人最主要的部分，就像一棵大树的根，像一个果实的蒂，一个人最不能的就是先有坏心。心中有天理，有公道，那么做出来的必然是好事，那你这个人就是有德的人。要是你心里面仅仅存有的是一己私欲，就算是你做了好事，也是有始无终的，即使你外表上想做一个好人，也会被别人识破。这就像根腐烂了树木会枯萎，蒂坏了果实会落下来。所以他要求孩子们不要有坏心。

杨继盛教导孩子要做好事情，得先做好人；要有一个良好的品德，才能做出正确的事。我们平日做人处事又何尝不是如此呢。做人一定要内心真正从善，言行举止自然会流露出正派的作风。有的人刚开始的时候企图用伪善来蒙蔽别人，可是或早或晚总会败露。正如杨继盛教导儿子的那样：若是心存恶念，就算你假装一个好人，也会被别人识破。到了那个时候就算你再想真正做个好人，再让别人信服，就太难了。

日积月累

君子坦荡荡，小人长戚戚。——《论语》

知识拓展

"寿星"不寿

杨继盛幼年时模样奇异,头长而颇为圆大,邻居都认为这是寿星头。就是这样一位"寿星"公,遇害时年不过四十。嘉靖三十二年(1553),杨继盛上书弹劾权臣严嵩,历数其"五奸十大罪",因而入狱。在狱中,杨继盛创伤发作,于是摔碎瓷碗,用手拿着碎片割去腐肉。肉被割去,筋挂膜,他又用手截去。给他持灯的狱卒吓得双手颤抖,但杨继盛却神态自若。其人其义,无愧于"铁肩担道义,辣手著文章"之语。

袁黄教子：莫要因循不知进取

经典原文

凡称祸福自己求之者，乃圣贤之言；若谓祸福惟天所命，则世俗之论矣。

汝之命，未知若何。即命当荣显，常作落寞想；即时当顺利，常作拂逆想；即眼前足食，常作贫窭想；即人相爱敬，常作恐惧想；即家世望重，常作卑下想；即学问颇优，常作浅陋想。

远思扬祖宗之德，近思盖父母之愆；上思报国之恩，下思造家之福；外思济人之急，内思闲己之邪。

务要日日知非，日日改过；一日不知非，即一日安于自是；一日无过可改。即一日无步可进。天下聪明俊秀不少，所以德不加修，业不加广者，只为因循二字，耽阁一生。

——《了凡四训·立命之学》

中国有句话："天有不测风云，人有旦夕祸福。"可是明代有一个人教导他的孩子的时候却不是这么说的，他认为人的祸福都是自取的，而不全是天命。

明代思想家袁黄（1533—1606）曾这么教导他的孩子：凡是说祸福是自己造成的，那都是圣贤的言论；若是说祸福是天命，只是世俗的说法。你们并不知道命运如何。要是你的命生得显赫荣贵，那么要常常想自己要是穷困潦倒了该怎么办；要是生活中事情都非常顺利，那么你要常常考虑要是有不顺心的事怎么办；要是你现在丰衣足食，那么要想象自己要是身无分文时该怎么办；要是受到别人的爱戴尊敬，那么你也要经常战战兢兢、如履薄冰；要是家道兴旺、声望很高，你也要经常想着谦卑退让；要是你现在已经有了学问了，那么要想自己其实知道的还远远不够。往远了看，你们要发扬祖宗的美德；往近了看，你们要妥善弥补父母的过失。对上，要考虑报答国家的恩惠；对下，要考虑怎么为家人造福；对外，要考虑怎么救济别人的难处；对内，要防止自己变坏。一定要每天反思自己的过错，每天都去改正；只要一天不反思，则是安于自我满足的现状；要是有一天觉得自己没过错可以改正，那么就是没有进步。天下聪明的人并不少，其中一些人之所以不进一步增加自己的修养，不进一步提升自己的学业，就只是因为不思进取、得过且过，结果耽搁了自己的一生。

袁黄教导自己的孩子，不要每天安于现状，不思进取，要是这样，再聪明的人也会因此耽误一生。一个人只有每天反思自己的行为，改正自己的过失，内忧外患，才能不断进取。也只有这样，才可以把自己的命运掌握在自己的手里，而不是听天由命，得过且过。很多人正是因为他们自以为是,不听规劝,一意孤行,最终造成了恶果。然而他们并不会反省自己的恶劣行为,也就只有一味地把不好的结局归结为"这就是我的命运"了,其实命运永远都是掌握在自己的手里的。

日积月累

不怨天,不尤人。——《论语》

知识拓展

功过格

云谷禅师赠《功过格》给袁了凡,了凡夫妇便依据功过格,把自己每天的善恶言行分类计入日历,以敦促自己多多行善。这是一种道德自律的工具,有利于人们认识自己的功与过,让人自己去改变命运,改变吉凶。

功格中的功有:

救免一人死。

收养一无倚。

发一言利及百姓。

……

《了凡四训》中的家教

《了凡四训》是明朝重要思想家袁黄所著。袁黄,初名表,后改名黄,字坤仪,后改号为了凡,是迄今所知中国第一位具名的劝善书作者。《了凡四训》是袁了凡融合了儒道佛三家的思想,结合自己的亲身经历写成的,书中强调做人要积善改过,注重自我修养,由"立命之学""改过之法""积善之方""谦德之效"四个部分组成。此书被誉为"东方第一励志奇书",其中的训导包含了为人处世应行善积德的思想和许多中国传统文化。

前日之非,递递改之

> 经典原文

昔蘧伯玉当二十岁时,已觉前日之非而尽改之矣。至二十一岁,乃知前之所改,未尽也;及二十二岁,回视二十一岁,犹在梦中。岁复一岁,递递改之。行年五十,而犹知四十九年之非。古人改过之学如此。

吾辈身为凡流,过恶猬集,而回思往事,常若不见其有过者,心粗而眼翳也。

——《了凡四训·改过之法》

春秋时期,卫国贤臣蘧伯玉十二岁的时候就已经能够自省自己曾经的过失而完全改正。到二十一岁的时候,知道了之前所犯的错误并没有全部改正完;到了二十二岁,回头审视二十一岁的自己时,就像身处梦境一般糊涂,有时候还会犯错。这样一年又一年,一岁又一岁地逐步改正自己的错误。一直到了他将近五十岁时,还依旧反省自己前面四十九年所犯的错。古人就是这样改正自己错误而不断学习的。我们这些晚辈只是凡夫俗子,一生犯的错,就像刺猬的硬刺一样多得不可数,而回想以前这些事情,却常常不知道自己错在哪儿,其原因就是我们太粗心,就像得了眼疾一样,看不到自己的错误。

这是《了凡四训》中的一个小故事,以此提醒我们要是有了错误就要去逐步改正。作者举了古人蘧伯玉的例子,他一生时时刻刻都在反省自己犯的错,时时刻刻都想着要去改正自己的错误。历史名人尚且如此谦虚谨慎,我们作为普通人,常常过了很久都不愿意反省自己的言行,也不愿意反思自己错误,更别提逐步改正了。

人在一生中一定会不断地犯错,重要的是我们自己要去反思,要勇于承认自己的错误,然后去改正。不要自视甚高,觉得自己不会犯错,也没什么错误需要改正。若是怀着这样的心态为人处世,最终,除了自以为是以外,并不会有什么好结果。

日积月累

不迁怒,不贰过。——《论语》

苟日新,日日新,又日新。——《礼记》

苟利于民,不必法古;苟周于事,不必循旧。——《淮南子》

知识拓展

赵概投豆

北宋的官员赵概平时非常注意严格要求自己。他准备了两个瓶子,如果起了善念,或做了好事,就把一粒黄豆投入一个瓶子中;如果起了恶念,或做了不好的事,就会把一粒黑豆投入另一个瓶子里。刚开始的时候,黑豆常比黄豆多,他就反省其中的原因,发现是自己修身还不够,因此就更加严格地要求自己。随着不断自省和改正,后来瓶子中的黄豆渐渐多了起来。经过这样严格的自我修身,赵概终于成为一个品德高尚的人。

积善之家,必有余庆

经典原文

杨少师荣,建宁人,世以济渡为生。久雨溪涨,横流冲毁民居,溺死者顺流而下,他舟皆捞取货物,独少师曾祖及祖,惟救人,而货物一无所取,乡人嗤其愚。逮少师父生,家渐裕。有神人化为道者,语之曰:"汝祖、父有阴功,子孙当贵显,宜葬某地。"遂依其所指而窆之,即今白兔坟也。后生少师,弱冠登第,位至三公,加曾祖、祖、父如其官。子孙贵盛,至今尚多贤者。

——《了凡四训·积善之方》

明朝有一个官至少师的人叫杨荣,他是肃宁人,世世代代都以摆渡为生。有一次,下了很久的雨,河水猛涨,冲毁了很多居民的房子,淹死的人被席卷进河道冲下来,其他人都划着船忙着打捞别人的财物,只有杨荣的曾祖父和祖父二人在救人,没有捞别人的一样东西,乡里的人都嘲笑他们傻。等到杨荣的父亲出生,家境渐渐富裕起来。

有位神仙化为道长,对杨荣的父亲说:"你的祖父与父亲做了善事,积了阴德,子孙中将来能够出现显贵之人,应该把你祖父和父亲葬在某某地方。"于是,杨荣的父亲就按照道长说的地方,安葬了自己的祖父与父亲,那地方也就是今天所说的白兔坟。

后来,杨荣出生了。他二十岁左右就考中了进士,一直位至三公,朝廷又按照杨荣的官阶加封他曾祖父、祖父和父亲。他们家后来子孙都是显贵,至今还有许多德才兼备的人。

这个故事告诉我们:有的时候,或许我们做得事情会被别人笑话,但是只要是自己认为对的,没有违背自己良心的就应该按照自己的想法去做。杨荣的曾祖父和祖父做了好事并没有期待有什么回报,他们也知道不会有什么回报,但是他们还是尽力去做。

日积月累

与其锦上添花,不如雪中送炭。

知识拓展

救济乡人

杨荣回乡葬父后,将乡里平时曾向自家借过钱粮而无力偿还的人一一查明,把他们的欠条全部焚毁;帮助族里贫穷的人安葬家人;贫苦而不能自谋生计的,襄助其娶妻或者嫁人;看到有为家产而争夺的,便把自家的田地分给他们。杨荣起复回朝时,宗族的亲戚和乡邻都流泪相送。

改过须:知耻心,发畏心,发勇心

经典原文

今欲获福而远祸,未论行善,先须改过。但改过者,第一,要发耻心。思古之圣贤,与我同为丈夫,彼何以百世可师?我何以一身瓦裂,耽染尘情,私行不义,谓人不知,傲然无愧,将日沦于禽兽而不自知矣;世之可羞可耻者,莫大乎此。孟子曰:"耻之于人大矣。"以其得之则圣贤,失之则禽兽耳。此改过之要机也。

——《了凡四训·改过之法》

第二,要发畏心。天地在上,鬼神难欺,吾虽过在隐微,而天地鬼神,实鉴临之,重则降之百殃,轻则损其现福,吾何可以不惧?

——《了凡四训·改过之法》

第三,须发勇心。人不改过,多是因循退缩;吾须奋然振作,不用迟疑,不烦等待。小者如芒刺在肉,速与抉剔;大者如毒蛇啮指,速与斩除,无丝毫凝滞。此风雷之所以为益也。

——《了凡四训·改过之法》

具是三心,则有过斯改,如春冰遇日,何患不消乎?

——《了凡四训·改过之法》

这是《了凡四训》中的训导,意思是说:一个人要是想得到福气而远离灾祸,那么先不要说行善,先说改正自己的错误吧。凡是改正错误的人,第一是要有羞耻心。想想古代的圣贤,和我们一样同样都是人,为什么人家就可以百世为师呢?我们为什么就像一个破碎的瓦片那样一文不值呢?大概是因为我们"耽染尘情",也就是贪恋尘世间的名利,私下里做了不好的事情,以为别人不知道,还沾沾自喜没有任何愧疚感,这样的人将会沦为品行道德败坏之人而不自知;世界上让人觉得羞愧与可耻的,莫过于此。孟子说:"羞耻之心对于一个人来说太重要了。"因为有了羞耻之心就可以成为圣贤那样的人,没有羞耻之心就会成为禽兽一样的人。具有羞耻之心是改正错误的关键。

了凡先生认为人要从善就必须先改过自己的错误。一个人能认识到自己有错误是很有必要的,这就是所谓的要有羞耻心。而在我们当今的家庭教育中,很多时候家长因为心疼孩子,害怕他们受苦,担心他们受累,就尽量满足孩子的各种要求;还有的家长过分保护孩子,孩子做了错事的时候,只是一味地帮其承担后果甚至掩盖。而孩子呢,要么就享受着不劳而获的舒适生活,对自己的坐享其成并没有感到一丝羞愧;要么就是对于自己的错误行为自动屏蔽、忽略不计,觉得不管自己做什么,父母总会来承担,因此就再也学不会对自己对别人负责了。在现代社会中不难看到一些做了错事的孩子还不以为意。

不管我们的时代怎么发展,传统的道德观是不能丢弃的。家长应该在孩子初识这个世界的时候就为他建立一个很明确的羞耻观。虽然有时候我们可以看到传统意义上的羞耻之事在我们这个社会中已经被宽容了许多,但是什么是对什么是错还是要有一个严格的界定,原则是不能改变的。而这种明确的羞耻感应该在孩子小的时候就建立起来,等他长大了才能以此指导和控制自己的行为。

接下来,了凡先生说:一个人要改正自己的错误,第二是要有

"发畏心",也就是对世事要有畏惧之心。人生在世,要懂得害怕,有天有地,鬼神都是不可以欺骗的,即便你犯了很小的错误,别人不能察觉,但是天地间的鬼神一定是知道的,重则降下灾祸,轻则折损你现有的福祉,我们怎么可以不存敬畏之心呢?

这段话指出:人生在世,我们为人处世不但要有羞耻感,也要有畏惧之心。做人做事不要天不怕地不怕,那样的话,人不知道会做出多少伤天害理的事。所以了凡先生提醒后人,对世间万物要心存敬畏,不要以为自己做了一点不好的事情只是小事,没有人能知道,没有人能察觉。"莫以善小而不为,莫以恶小而为之",你的行为决定了你要承担的后果。

这则家训更提示家长在教育子女时应该以身作则。很多大人以为自己对事情已经有一定的掌控,有时候行为就会有失偏颇,明知是错却为之。但是因为错误的结果在自己的可控范围内,因此他们既不担心也不在意。这样的行为呈现在孩子面前,无疑是向孩子呈现了一种为了达到目的,就算犯点小错误也没有关系的思想。孩子以后很可能就不会害怕在同类情况下犯错,觉得反正大人都是那么做的,好像也没什么。因此,畏惧之心应该从大人的身上显示出来,那么孩子自然也就会对世间万物心生畏惧了。

改错的第三点就是:发勇心。也就是要勇敢地去改正。人们不改正自己的错误,多半是因为得过且过,或者面对错误的时候退缩了;因此我们必须奋然振作,不要迟疑也不要等待。小错就像一颗小刺扎在肉上,要快快剔除,大错就像毒蛇咬了指头,要快快斩除,不要有丝毫的迟疑。这就是《益卦》说的改正错误是有益处的。

发勇心也就是要拿出勇气和决心去改正错误。有时候我们知道自己犯了错,但是又不愿意去改正。要么是觉得不要紧,要么就是在心里说一说下次不这样就好了。可是若是你不让自己去承担犯错之后的结果,就永远不会想着要去改正。一个人不怕犯错,重要的是要懂得当机立断,勇于承认自己的错误,果断地改正。这样才是对自己的人生负责。

只要知耻心、发畏心、发勇心都有了,那么就可以做到有错就改,这就像春冰遇到温暖的太阳,为什么担心它不会消融呢?

要是一个人这三者都有了,就不必担心有错不能改了。一个人从小到大肯定会不停地犯错,犯错不可怕,可怕的是你不去改正,不知羞耻地一错再错。要是有正确的教导和指引,错误可以成为我们前进的动力。在以后的人生路上,我们能够引以为戒,当我们再遇到相同的情况,知道应该怎么恰当地去处理才是正确的。作为家长,这也是教会孩子对自己和自己的人生负责的第一步。

日积月累

人有耻,则能有所不为。——《朱子语类》

知识拓展

有才无德的状元

魏藻德是明崇祯十三年(1640)的状元,擅长辞令,有辩才,能迎合崇祯的心思,位居礼部右侍郎、东阁大学士。

崇祯十七年(1644),李自成逼近北京城,皇帝紧急筹措军饷,命令官员捐款,魏藻德为了保住自己的家财,率先表示家中无余财,反对崇祯征饷。李自成攻破北京,魏藻德认为自己年轻还有才,在大顺朝必定还有一番作为。李自成问他为什么不给崇祯皇帝殉死,这个无耻的人回答说:"方求效用,那敢死?"(我正准备效力新朝廷,哪敢去死?)李自成把他抓起来逼其交钱助饷,酷刑之下总算交出白银数万两。起义军将领刘宗敏不相信他就这么点钱,继续用刑,最终历经五天五夜的酷刑,魏藻德惨死狱中。

吴麟征教子：自私是祸之根本

> **经典原文**

知有己不知有人，闻人过不闻己过，此祸本也。故自私之念萌则铲之，谗谀之徒至则却之。邓禹十三杖策干光武，孙策十四为英雄，所忌行步殆不能前。汝辈碌碌事章句，尚不及乡里小儿。人之度量相越，岂止什佰而已乎！师友当以老成庄重、实心用功为良，若浮薄好动之徒，无益有损，断断不宜交也。

——《家诫要言》

明末天启进士吴麟征（1593—1644）曾教导他的儿子，做人不要自私。他在家训中说：

凡事只知道考虑自己不知道考虑别人，只看别人的过错而不看自己的过错，这就是一个人惹祸的根本原因。所以，一旦自私的念头萌芽，就要把它铲除；若是有人陷害你、奉承你，就要赶走他。邓禹十三岁的时候就杖策追随光武帝，孙策十四岁的时候已经成为英雄，做人最忌讳的就是懒惰不上进，你们辛苦学习，还不如乡里小孩儿。那样下去,人与人之间就相差甚远了。拜老师、交朋友应当以老实庄重、踏实用功的人为好,要是轻浮好动的人,不会有什么益处,反而只有坏处,断然不适宜结识。

这篇家训告诫后辈,做人千万不要自私,一旦有这样的念头出现,就要把它扼杀。还说了邓禹和孙策的事迹,说明做人要度量大,交友要慎重,这样才不会惹来祸端。

私心是很多人都会有的,可是古人教诲做人最不应该的就是自私,而是应该大气,对事对人要有度量。若是看到任何东西都只想占为己有,就算你的私心得逞了,实则却是失去了更宝贵的东西。再试想,世间万物,你又能自私地占有多少呢?所以,做人不要自私,要懂得付出,要懂得给予。很多时候在你给予别人、帮助别人的同时,实则也是在为自己开路。不要让自私成为自己人生的绊脚石。若是自私而不自知,那更是要不得了。

日积月累

好问则裕,自用则小。——《尚书》

知识拓展

二死赴国难

明末,李自成大军直逼京师,吴麟征坚守西直门。北京城破后,吴麟征想回官邸,但已被李自成大军占领,于是他走进路旁的一座祠庙里,写信跟家人诀别,说:"祖宗打下的二百七十多年的江山,一夜之间就变成了这样,即使天子自己悔恨了,百姓身家绝灭的灾祸已经无法避免了。我身为一名谏议大臣,对朝廷的事务没法匡救,依法应该剥去袍带。我入殓时穿青衫、戴角巾,用被单盖着我,用这来表示我的哀痛吧!"然后解下带子上吊,但家人赶来把他救了过来,周遭的人哭着求他:"等祝孝廉(即祝渊)来后你们告别一下,行吗?"吴麟征同意了。第二天,祝渊来了,吴麟征慷慨地说:"想当年考中进士的时候我梦见过隐士刘宗周吟咏文信国的《过零丁洋》,现在山河破碎了,我不死又能怎样呢?"和祝渊告别后,吴麟征就自缢身亡,以身殉国。明朝追赠吴麟征为兵部右侍郎,谥忠杰。

魏禧家书：聪明要用在正道上

经典原文

吾家世忠厚，征君积德力善，为乡里望人。吾兄弟少好口语，舌锋铦利，颇以此贾怨谤。然未尝敢行一害人事，欺诈人财，败众以成私也。

汝资性略聪明，能晓事。夫聪明当用于正，亲师取友，并归一路，则为圣贤，为豪杰，事半而功倍。若用于不正，则适足以长傲、饰非、助恶，归于杀身而败名。不然，即用于无益事。小若了了，稍长，锋颖消亡，一事无成，终归废物而已。吾以家贫负石田出游，自念老矣，欲为汝营婚娶，不以债负相遗。不能家居教汝，又去吾庐叔父远，少督责。汝母妇人，多姑息之爱。吾以此耿耿于心也。

——《与子世侃书》

这是明末清初的散文家魏禧（1624—1681）写给嗣子魏世侃的

家书中的教导:聪明要用在正道上。

家书的大意是:我家世代为人忠厚,我的父亲积累德行,尽力做善事,是乡里有名望的人。我的兄弟从小说话就比较刻薄,因此也招来别人的怨恨和非议。就算是这样,他也没有敢做一件害人的事情,也没有欺诈别人的财物,或者把大家的东西占为己有。你天性有些聪明,也能明理。你的聪明应该要用到正道上来,要亲近师长,要结交志同道合的人,如此做圣贤,做豪杰,才会事半功倍。要是聪明没用在正道上,那就会助长傲气、掩饰过错、助长恶气,最终可能身败名裂。再不然,就是用于那些无益处的事上。小的时候聪明、懂事,长大一点,锋芒都消失了,一事无成,最终也就成了无用的人。我因为家里贫困,只能靠卖写好的文章为生,自觉已经老了,想为你谋划娶妻,不给你留任何负债。我不能在家教育你,距离老家叔父又远,没有尽到监督的责任。你母亲妇人之仁,对你比较宽容。我对此也有点耿耿于怀。

从这段家训中我们可以看到,对于儿子生性聪明,魏禧内心是骄傲的。但是他担心孩子被自己的聪明冲昏了头,从而说了上述的话来提醒他。所以说,一个人聪明总是好的,可是聪明的人也不一定就能成事,最终还是要看他把聪明劲儿用在什么地方。用在正道上,那么今后可能会成为成功的人;若是没用在正道上,那么以后也可能酿成大祸。在这封家书里,魏禧告诉了嗣子聪明用在正道和没用在正道上的两种结果,以警示他不要"聪明反被聪明误"。

我们也应该以此警示自己。有的人很聪明,可是自认为做事情时可以找到很多捷径,甚至耍一些小聪明,侥幸得逞还沾沾自喜。这样的人在当今社会中数不胜数,凡事皆想方设法不劳而获,投机取巧。可是有的人,聪明却不外露,默默地把自己的智慧用在为人处世中,并且踏踏实实地做事,最终成了大事。以上两种人哪一种才是真正的聪明之人、有智慧之人呢?

日积月累

博学之,审问之,慎思之,明辨之,笃行之。——《礼记》

知识拓展

作弊衣

上海嘉定博物馆有一件作弊衣——麻布质地的中式坎肩,在高宽仅50×50厘米的前后衣襟上,密密麻麻地写满了四万余字的蝇头小楷,包含了六十二篇八股文。有人说有这个功夫准备这件作弊衣,文章都可以背出来了;也有人说等找到答案,考试时间就结束了;还有人说有这个才艺,还做什么弊?

康熙教子

康熙(1654—1722)是中国历史上在位时间最长的皇帝,在位六十一年期间,他收复疆域、平定藩乱,使得经济繁荣,百姓安居乐业。康熙非常重视对子女的教育,对子孙后代言传身教,重视他们品格的培养,以身作则教会他们怎么做人。

嘉彼所能

经典原文

凡人能量己之能与不能,然后知人之艰难。朕自幼行走固多,征剿葛尔丹三次行师,虽未对敌交战,自料犹可以立在人前。但念越城勇将,则知朕断不能为。何则?朕自幼未尝登墙一次,每自高崖下视,头犹眩晕。如彼高城,何能上登?自己绝不能之事,岂可易视?所以,朕每见越城勇将,必实怜之,且甚服之。

——《庭训格言》

这段话意思是：一个人一定要衡量自己能做什么不能做什么，只有这样才能懂得别人做事的艰辛和难处。我从小到大经历了很多，曾经三次随军剿灭葛尔丹，虽然没有亲自面对敌人和他们交战，可我自己觉得我还是能够站在他们面前面对他们的进攻而不畏惧的。但是我想想那些带领士兵无所畏惧地攻城作战的将军们，就知道那是我做不到的。为什么呢？我从小到大没有试过爬一次高墙，每次从高崖往下看，都觉得头晕目眩。要是我去爬那么高的城墙，怎么可能登得上去呢？自己做不到的事，怎么能小看它呢？所以，我每次看到那些翻过城墙勇敢去战斗的将士，一定会心生爱惜之心，而且也会非常佩服他们。

一个人最厉害的地方并不是他取得了多少次成功，而是清楚地知道在自己的能力范围之内能做什么不能做什么。在遇到事情的时候，不应该一味地自满、自以为是地去处理事情，鲁莽行事，大抵不会有什么好结果。虽说人应该要自己相信自己，但也不能盲目自大，傲视一切。相反，一个人若是量力而行，在适当的时候知进退，则不但能够赢得别人的帮助，也能让自己进步。康熙的训导还提醒我们，每个人都不是完美的，不可能什么都会、什么都能。知道自己不行的地方，承认别人的优点，不但有助于培养自己谦虚的品质，同时也能让自己学会体恤他人，这样就不会骄傲自满、傲视天下。皇帝尚且能有如此的反省，那普通人是不是也可以反观自身呢？

日积月累

尺有所短，寸有所长。

> **知识拓展**
>
> **爱好学习的皇帝**
>
> 在清朝的皇帝中,康熙算是比较开明和爱学习的一个。他跟外国传教士学习天文、数学、医学、地理、哲学、拉丁文、音乐等。他经常去观象台观测天文现象,拨款制造天文仪器;《几何原本》他至少读了二十遍,他还命令传教士把几何相关的科目编成几十种满、汉教科书;让清朝专家和传教士联合完成全国勘测,绘制一部《皇舆全览图》……

知足和知止

经典原文

老子曰:"知足者富。"又曰:"知足不辱,知止不殆,可以长久。"奈何世人衣不过被体,而衣千金之裘犹以为不足,不知鹑衣袍缊者,固自若也;食不过充肠,罗万钱之食犹以为不足,不知箪食瓢饮者,固自乐也。朕念及于此,恒自知足。虽贵为天子,而衣服不过适体;富有四海,而每日常膳除赏赐外,所用肴馔,从不兼味。此非朕勉强为之,实由天性使然,汝等见朕如此俭德,其共勉之。

——《庭训格言》

当今社会我们物质生活条件跟古代相比已经是非常之好,但是就在这样的情况下,有的人却无法控制自己的欲望,做事情没有节制。面对这样的情况,可以看看康熙皇帝,作为当时的一国之君,可谓拥有享不尽的荣华富贵,可是他又是如何教导自己的子女的呢?

康熙曾提到,老子说过:"懂得知足的人就是富有的。"他还说:"懂得知足的人就不会受到屈辱,知道适可而止的人也不会陷入危险,这样的人可以得到长久的安宁。"可是让人无奈的是,世上的人都知道穿衣服只不过是用来遮盖身体的,但是有的人穿了价值千金的衣服还觉得不满足,他们不知道那些穿着粗布麻衣的人,其实是过得自由自在的;吃饭不过只是为了饱肚子,可是有的人吃了饕餮盛宴、山珍海味还是觉得不满足,他们不知道那些吃的很简单、过得很清苦的人,其实是非常快乐的。我一想到这些,就觉得很满足了。即使我贵为天子,但是衣服也不过只是合身而已;虽然我富有天下,但是每天吃的饭,除了赏赐给别人的以外,我所吃的菜肴也从来不超过两种。这也并非是我要勉强这样做的,其实是我天性使然,你们看到我如此节俭,也要相互勉励自己这样做。

这则家训给我们的启示是:做人要懂得知足,做事要懂得适可而止。我们现在生活的条件和生活环境比以前优越很多,但是面对这样纷繁多样的世界,人的欲望也是不断地延伸,难以满足。康熙是一国之君,可以说要什么有什么,可是他却倡导"知足",也就是懂得节制,提倡人们要懂得满足,不要浪费。对于物质的追求,能够满足基本的生活就好,不必过于向往和追求那些自己力所不能及的东西。正如衣服,只不过是为了遮蔽身体和御寒,要是把奢侈昂贵的衣服穿在身上又有什么意义呢。康熙这样的人生态度也得益于小时候孝庄太后对他的严厉管教,太后对孙子的疼爱并没有比别人少,可是她对康熙的管教却严厉很多。但凡康熙行为有失偏颇,便严厉斥责,并且会告诉他应该怎么样做才是正确的。这种并非一味满足孩子的教育方式值得现在的家长认真思考。

其实,并不是说不能追求更好的事物,只是说,凡事有个"度"。这也是康熙说到的"知止"。对于美好事物追求的心理是每个人都有的,但是要知道什么时候收手。否则,美好的事物就变成了诱惑,一旦你不能抵制诱惑,那么就会误入歧途。一个人的一点点虚荣心可能会帮助你保持上进,但是过分虚荣可能会让自己的欲望无法遏制,形成攀比心理,时间长了可能无法控制自己的欲望和行为,到最后后悔也来不及了。

懂得"知足知止"并不会阻挡你前进,反而能够让你走得更久远。我们总会遇到欲望无法满足的时候,这时应该回头看看自己一路走来有了哪些收获,重新调整自己的目标,然后再次出发。

日积月累

比上不足,比下有余。

知识拓展

宋仁宗忍饿

一天早上,宋仁宗起床后,对身边近臣说:"昨天晚上睡不着所以觉得肚子很饿,于是就特别想吃烧羊。"侍臣听到说:"那为什么不下令取几个来?"仁宗说:"近来听说宫中只要索要一次，外面的人就会以此为例。我怕他们天天宰羊，预备给我随时享用。时间一长，就要浪费许多人力物力。怎么能不忍一时的饥饿，从而开始无止境的宰杀呢？"

莫迁怒于他人

经典原文

凡人平日必当涵养此心。朕昔足痛之时，转身艰难。足欲稍动，必赖两旁侍御人挪移，少著手即不胜其痛。虽至于如此，朕但念自罹之灾，与左右进侍谈笑自若，并无一毫躁性生怨，以至于苛责人也。二阿哥在德州病时，朕一日视之，正值其含怒，与近侍之人生怨。朕宽解之，曰："我等为人上者，罹疾却有许多人扶持任使，心犹不足。如彼内监或是穷人，一遇疾病，谁为任使？虽有气怨向谁出耶？"彼时左右侍立之人听朕斯言，无有不流涕者。凡等此处，汝等宜切记于心。

——《庭训格言》

很多人不懂得换位思考，做人处事永远只想着自己，或许康熙的家训能够给我们一些启示，以此反省自己的行为，并引以为戒。

这则家训的意思是：无论是谁，平时就应当注意自己的涵养心性。我以前脚疼的时候，连翻身都困难。脚稍微动一下，都需要有人扶着挪动，只要稍微用手碰到一下就疼得不得了。即便是到了这种地步，我只想着这是我自己的灾难，和侍奉我的人依旧谈笑自若，并没有一点点暴躁或者生气的表现，或者迁怒于他人。二阿哥以前在德州生病的时候，有一天我去看他，刚好碰到他积了一肚子气，正在跟侍奉他的人发脾气。我就宽慰他说："我们都已经是地位尊贵的人上人了，生病时都有许多人来侍奉你，任你差遣，都这样了你还觉得不满意。要是内监或者穷人生病了，找谁侍奉他？就算有气，要去向谁发呢？"当时，旁边侍奉二阿哥的人听了我的话，都感动得落泪了。凡是遇到这样的情况，你们一定要记住我的话。

康熙对于子女的训导告诉我们：首先，无论何时遇到什么事情，经历着什么困难，那都是自己的事情。自己经历的困难和痛苦要学会自己消化，不要随便动怒，且迁怒他人。其次，要学会替别人考虑。当你要对别人发脾气的时候，试着把自己放在对方的角度，想想若是自己忍受别人的脾气，是不是能够受得了。

很多时候，人们都不会控制自己的脾气。自己的不顺心常常迁怒他人、他事。可是有没有考虑过，不顺心的事是发生在自己身上的，别人为什么要忍受你因为不顺心而发的脾气呢？学会忍受和换位思考，不仅能让我们避免一些不必要的麻烦，同时还可以提升我们的自身修养。

日积月累

己所不欲,勿施于人。——《论语》

知识拓展

天子一怒

咸通十一年(870)八月,同昌公主因病亡故。后来,驸马韦保衡向唐懿宗抱怨因为御医诊断不当,才使得公主身亡。唐懿宗于是将韩宗绍及康仲殷等御医全部斩首,又将其亲族三百多人投狱,交给京兆尹温璋治罪。同平章事刘瞻和京兆尹温璋全力进谏,但唐懿宗大怒将他们赶了出去。

纪昀劝导儿子：切莫骄傲自大

经典原文

尔之诗文，果然语语珠玑，绝无瑕疵可摘，人皆赞美之不遑，乌有人指摘一字！尔莫谓登贤书是尔学问优长，有以致之，乃是赖余之微名，始得徼幸成名。莫怪士林中啧有烦言，文才较尔高出十百倍，依旧青衿一领，屡困场屋，不得脱颖而出者何可胜数哉。以后毋再傲岸自大，愈谦抑，则人愈敬重；愈狂妄，则人愈轻视。尝闻刘东堂言，有同学葛生，性悖妄。诋訾今古，高自位置，有指摘其诗文一字者，衔之如刺骨。会往河间岁试，同寓十余人，散坐庭中纳凉，葛生纵意狂谈，众皆缄口。忽闻树后一人抗词争辩，连诋其隙，葛生理屈词穷，怒问子为谁，暗中应曰：我河间宿儒焦王相也。葛生骇问曰：闻子子去冬作古矣。笑应曰：不死焉敢捋虎须，与君争辩耶！葛生跳掷叫号，沿墙寻觅，卒无所见。尔毋蹈葛生之覆辙，戒之戒之。

——《训三儿》

清代纪昀(纪晓岚)(1724—1805)曾任礼部尚书,他的三儿子文采出众,可是因此有些许骄傲自大,纪昀写了一封家书,给三儿子一则深刻的教诲。大致意思是这样的:

你的诗文,遣词造句果然是精美的,也没什么小毛病可以拿出来说的,大家都连连称赞,没有人会指出一个字的错误!可是你不要说你考中乡试是因为你的学问优于别人,而是你靠了我的声望,最终才能侥幸成名。不要怪士林中对你有负面评论,有的人文采比你高出十倍百倍,但是人家仍旧只是一介秀才,一直困于科考,不能脱颖而出的大有人在。以后不要再骄傲自大了,越谦虚,别人越会敬重你;越狂妄,别人越会看轻你。

曾经听刘东堂说:你有个叫葛生的同学,生性狂妄自大。对于古往今来之事,肆意谩骂,把自己的位置抬得太高,如有挑出他写的诗文某一字有毛病的人,他就怀恨到极点。正赶上河间府岁考,和十多人同住,散坐在院中纳凉,葛生随心所欲狂说,大家都沉默了。忽然听到树后面有一个人直言反对,连连攻击他说话的荒谬之处,葛生理亏词穷,生气地问你是谁,那人暗中回答:我是住在河间府的儒生焦王相。葛生惊恐地问:听说你去年冬天已经死了。那人回答说:不死怎敢摸老虎胡子,怎敢跟你争辩呢?

葛生一跳而起,大喊大叫,沿墙寻找,可是什么也没看见。你可不要重蹈覆辙,要引以为戒。

纪昀一席话,语重心长,教导儿子不要骄傲自大。他在家书中从三方面教导儿子:首先,虽然你自己有才华,可是你的成就也是仰仗我的名声才有的;第二,比你优秀的人还有很多,只是别人没有你那么幸运,还没有出名而已;第三,纪昀举了一个反面例子,说明葛生的狂妄自大是如何的不堪,以警示儿子千万不要成为那样的人。

在生活中,我们也会遇到这样的人,自己稍微有点成就或者在某方面比别人强一点,就自视甚高,张狂不已。殊不知自己狂妄的言行是多么可笑。要知道,世界如此之大,比你厉害的大有人在,也许只是因为别人没有表露出来,或者还没有来得及展现,但并不表示不如你优秀。因此,长存谦虚之心是必要的,莫要成为井底之蛙,莫要成为别人心中的笑话。

日积月累

敏而好学,不耻下问。——《论语》

不知不问,不能则学。——《荀子》

人非生而知之者,孰能无惑?——[唐]韩愈

知识拓展

冒险护书

纪昀是《四库全书》的总纂官,因为清代乾隆时期文字狱最盛,和他一起担任总纂、总校的官员,或被吓死,或被罚光家产,除纪昀之外,几乎无一人得到善终。就算是这样,纪昀以一个文人的心内良知,多次上书,保护了一大批被定为"抽毁"和"全毁"的书,这可是冒了身家性命的风险的。

章学诚主张为学贵在专一

> 经典原文

夫学贵专门,识须坚定,皆是卓然自立,不可稍有游移者也。至功力所施,须与精神意趣相为浃洽,所谓乐则生,不乐则不生也。

昨年过镇江访刘端临教谕,自言颇用力于制数,而未能有得,吾劝之以易意以求。夫用功不同,同期于道。学以致道,犹荷担以趋远程也,数休其力而屡易其肩,然后力有余而程可致也。攻习之余,必静思以求其天倪,数休其力之谓也。求于制数,更端而究于文辞,反覆而穷于义理,循环不已,终期有得,屡易其肩之谓也。夫一尺之棰,日取其半,则终身用之不穷。专意一节,无所变计,趣固易穷,而力亦易见绌也。但功力屡变无方,而学识须坚定不易,亦犹行远路者,施折惟其所便,而所至之方,则未出门而先定者矣。

——《家书四》

清朝乾隆时期的史学家和思想家章学诚(1738—1801),主张做学问要专一。他认为:为学贵在专一,做学问必须坚定,不能拿不定主意,飘忽不定。至于把功夫力气花在什么地方,要跟自己的精神和兴趣结合在一起,做起来高兴的事情就容易成功,不高兴的事情就不能成功。

他还举了一个例子,说:"去年,我到镇江拜访担任教谕职务的刘端临先生,他说自己在学堂督促学生读经,很注重读经的遍数,非得读到一定数目才可以,可是学生收获却不大。我劝他换一下用功的方法。虽然用功的方法不同,可都是为了追求同一个'读经明道'的目的。求学获得的学问和道理,就像挑着担子走远路,一路上要休息很多次,也要换很多次肩膀挑担,然后才会有余力,才能走得远。研习之余,要静静地思考一下事物的细微初始,这就像挑担子的时候坐下来休息。在规定的诵读遍数中,有时研究一下文辞,或者反复去探求它的道理,这样循环下去,最终就会有收获,这就像挑担子不停换肩一样。一尺长的棍棒,每天截取它的一半,永远截不完。做事专心在一个方面,不要有变化。兴趣固然容易穷尽,力量也会感到不足。虽然用功的方法会有变化,但研究学识的心要坚定不改变,这就像走远路的人,怎么走你可以自己选择,可是走去哪儿的方向在你出门的时候就要定了。"

章学诚的家训告诉我们:一个人做事情,若是目标明确,有确定的方向,那么即使做事的方法有所变换,最终也会有成就。可是若是没有确定的目标和方向,哪怕方法再好,最终也不一定有结果。而在实现目标的过程中,一定要专一、专注、坚定,不要因为一点干扰或者困难就放弃,或者就去改变一开始的方向。在实现的过程中也可能会有倦怠或者无力的时候,可是只要你坚持下去,终究是可以实现自己的目标的。在生活中我们不难看到,有的人看到什么专业热门就想学什么专业,而不是真正选自己想要学的,于是内心飘忽不定,学无所获。

定下目标、坚持到底,这样的道理古人就明白了,在今天也不过时。

日积月累

路遥知马力,日久见人心。

知识拓展

颠沛流离

章学诚一生醉心于史学,被称为中国古典史学的终结者,方志学的奠基人。可是章学诚一生颠沛流离,并没有非常好的治学条件,但他却能全身心投入到自己所爱好的事业之中,不管外部环境多么恶劣,仍可做到乐在其中。正如他自己所说,虽"江湖疲于奔走",却"能撰著于车尘马足之间",每当贫苦交加,几乎失去生活乐趣时,只要一想到自己爱好的文史事业,"则觉饥之可以为食,寒之可以为衣"。

章学诚一生最大的打击在乾隆四十六年(1781),这一年他四十四岁,在路途中遇盗,不仅失去钱财行李,几十年撰成的文章也被抢劫一空,这真是一下子空荡荡了。为他作年谱的胡适也深表同情,感慨"真可怜极了"!自此以后,他每有文章,必定留有副本,以备遗忘丢失。

邓淳告诫晚辈说话要时时小心

> **经典原文**

不妄语、不多语,不道人隐事,不摘人微过,不言己无干事。

论人无舍短而弃长,论己无登技而忘本。

交浅者无与深言,调别者无与强言,阴刻者无与言衷情,轻疏者无与言密事。

语财不及非分,语色不及邪缘。勿弹射官箴,勿月旦人品,不偏爱憎,不信风闻。谈经济外宁谈艺术,可以给用;谈日用外宁谈山水,可以息机;谈心性外宁谈因果,可以劝善。

——《家范辑要》

俗话说:"祸从口出。"很多时候招惹了祸端,其实只是说话的时候不谨慎。清代学者邓淳(1776—1850)曾主持龙溪书院,著有《岭南丛述》《家范辑要》等。邓淳长于书香之家,他的先代四世举

人,受到了良好的文化教养。他写过一篇家训,教导子女要慎言,大意是:

你们不要乱说话,不要去谈论别人的隐私,不要去揭穿别人的小错,不要去谈论与己无关的事。评价别人的时候不要只说别人的短处而忽视别人的长处,谈论自己的时候不要一直说那些细枝末节无关紧要的事,而忘记了根源。交情浅的人不用说得太深,话不投机的人不用勉强跟他说话,阴险刻毒的人不用跟他说衷情的话,关系疏远的人也不要跟他说太过密切的事。跟贪财的人说话不要谈及非分之财,和好色的人谈话也不要谈及邪缘。不要随意指摘官方文书,不要品评别人的人品,不偏重爱的和讨厌的,不谈论道听途说的事。除了谈论经世济国,也可以说说艺术,这个是有用处的;除了谈及日常事务以外,也可以聊聊山水,可以除去你的心机,修身养性;可以谈论一下宋明理学,因缘果报,这也可以勉励自己成为善良的人。

这篇家训中多次提及"不要"之事,明确地指出什么可为,什么不可为。这是邓淳教导后辈和别人交往时要注意自己的言论。要是言语不慎,可能会惹来是非,招致祸端。

我们在和别人交往的时候也要注意,正如此则家训中提及的,要学会怎样和不同的人说话,不要什么话都随便和别人说。家训中举的几个例子,都对我们有启示作用。因此,在生活中一定要时时刻刻注意自己的言行,要学会先观察,再谈论。在人群中我们也会看到这样的人,张口就是对自己的经历和见解侃侃而谈,不愿意听别人的经历,自以为了不起,对别人也是品头论足,表现出恃才傲物的样子。这样的人在别人眼里就成了可笑之人。因此,很多时候,不要着急说,不要急着评论,先学会观察,先学会聆听,再表达自己的想法,也是和人交往时的一种尊重。

日积月累

病从口入,祸从口出。

知识拓展

吉人辞寡

东晋时期,王氏三兄弟一起去拜访谢安,王子猷(王徽之)和王子重(王操之)大多说一些日常琐事,而王子敬(王献之)寒暄几句后就不再多说了。三个人走了以后,在座的客人问谢安:"刚才那三位贤士谁比较出色?"谢安说:"最小的那个最好。"客人问:"您是怎么知道的呢?"谢安说:"贤明的人话少,急躁的人话多(吉人之辞寡,躁人之辞多),是从这两句话推断出来的。"

曾国藩的家庭教育

经典原文

唯天下之至诚能胜天下之至伪,唯天下之至拙能胜天下之至巧。

余自经咸丰八年一番磨炼,始知畏天命、畏人言、畏君父之训诫,始知自己本领平常之至。……畏天命,则于金陵之克复付诸可必不可必之数,不敢丝毫代天主张。……畏人言,则不敢稍拂舆论。畏训诫,则转以小惩为进德之基。

——《致沅弟》(同治二年九月十一日)

凡军行太速,气太锐,其中必有不整不齐之处,惟有一"静"字可以胜之。……霆军长处甚多,而短处正坐少一"静"字。

——《致沅弟季弟》(咸丰十一年二月二十二日)

慎者,凡事不苟,尤以谨言为先。

——《谕纪寿》(同治九年正月初八日)

有志则断不甘为下流;有识则知学问无尽,不敢以一得自足,如河伯之观海,如井蛙之窥天,皆无识者也;有恒则断无不成之事。此三者缺一不可。

——《致澄弟温弟沅弟季弟》(道光二十二年十二月二十日)

凡人作一事,便须全副精神注在此一事,首尾不懈,不可见异思迁,做这样想那样,坐这山望那山。人而无恒,终身一无所成。

——《致沅弟》(咸丰七年十二月十四夜)

以后望弟于"俭"字加一番工夫,用一番苦心,不特家常用度宜俭,即修造公费,周济人情,亦须有一"俭"字的意思。总之,爱惜物力,不失寒士之家风而已。

——《致澄弟》(同治二年十一月十四日)

凡仕宦之家,由俭入奢易,由奢返俭难。

——《谕纪鸿》(咸丰六年九月二十九夜)

惟读书则可变化气质。

——《谕纪泽纪鸿》(同治元年四月二十四日)

各亲戚家皆贫,而年老者,今不略为饮助,则他日不知何如。

——《禀祖父母》(道光二十四年三月初十日)

今家中境地虽渐宽裕,佢与诸昆弟切不可忘却先世之艰难,有福不可享尽,有势不可使尽。"勤"字工夫,第一贵早起,第二贵有恒;"俭"字工夫,第一莫着华丽衣服,第二莫多用仆婢雇工。

——《谕纪瑞》(同治二年十二月十四日)

曾国藩(1811—1872)的一生一直坚守并实践着"修身、齐家、治国、平天下",而他在"治国、平天下"方面的基础其实是"修身、齐家"。曾国藩的家教思想受中国传统文化影响,以此形成了良好的家风。

曾国藩在家庭教育中一直实践着这几方面的规则。

首先要学会做人。他认为做人首先便是真诚,做人要表里如一;其次是对事物心存敬畏之心;第三便是静,整个人应该处于放松安宁的状态;第四是谨慎,不要说大话、说假话、说空话;第五是恒,生活起居饮食要有规律有节制。

曾国藩并不是一味地要求子女这么做,而是用自己的行为来影响子女。他每天都坚持写日记,每天都要反思自己的言行,坚持写作的习惯贯穿他的一生。不少人认为人格的修炼是没有必要的,只要言行不出错便可以了。可是纵览众多伟人,他们的成功并不仅仅是言行不出错就能成就的,更重要的是他们坚毅顽强的性格。同时,这样的性格也会影响子孙后代。

曾国藩对子女的管教更加严格,甚至近于苛刻。虽然曾国藩常年在外带兵打仗,但是他在家书中言辞和润,满满的都是谆谆教诲;他言传身教,用自己的言行来影响和教育自己的子女。虽然他身居高位,但是并没有给子女更多的特权,也没有给他们多余的照顾和溺爱。反思现代社会中对子女的家教，培养孩子的优秀品格才应该是家庭教育中的重点，这是孩子今后在竞争激烈的社会中立足的重要基础。

其次要有坚强的意志。曾国藩认为意志坚韧是今后成就事业的基石。所以他不断教育孩子应该从小胸有大志、有理想、有抱负。他曾教诲孩子："不能勤奋以图自立，则仍无以兴家而立业。"意思就是说，要是你不能以勤劳刻苦来实现自立，那么你也不能振兴家族和发展自己的事业。所以可以看出，曾国藩对子女的要求是做好行为习惯的塑造，教育他们要立志、立业，靠自己的能力去打下一片江山，来振兴自己的家业。

反观当今许多家庭，以为自己条件好，很早的时候为孩子的将来准备好一切物质或者非物质的条件，也就是我们常常说的为孩子"铺好路"。这种方式对孩子只有害而无利，这相当于提前告诉孩子他不用自己努力便已经可以得到很多东西了，还需要他们立什么志、立什么业呢？

再次是无论你家境如何都要学会持家。曾国藩认为，持家应该以孝悌、勤俭、倡和、戒骄傲奢侈为主。他认为要先做到孝敬兄长和老人，与邻里和睦相处。再来是要懂得节俭，节俭是中华民族的传统美德，他曾教育子女要"勤俭自持，习苦习劳"，同时将勤与俭列居八德的内容中。据说曾国藩三十岁的时候，做了一件青缎绸褂，准备庆贺新年的时候穿，这件衣服穿了三十年还犹如新的一般。他让夫人和儿媳们不要多用仆婢雇工，要下厨做饭，都要学纺织，还要求儿孙们都要尊老爱幼。

条件如此好的家庭,孩子依旧被教导要节俭。相比现在社会家庭中的孩子,父母总是希望把最好的东西提供给他们,却时常忽略如何教导他们来管理这些东西。

还有是读书治学的思想。曾国藩是非常重视读书的人,他提倡的是半耕半读。他认为读书能够塑造人的个性和性情,能够改变一个人的气质。于是他常勉励子弟们勤奋读书,奋发向上。曾国藩本人也有很强的求知欲。1835年,他会试失败回湖南,在经过睢宁的时候,跟易作梅借了钱去买书,但还是不够,他就把衣服拿去当了,换了钱去买书。可见曾国藩也是一个求知若渴的人。他认为,学习是一件艰苦的事情,并且需要长期坚持,如果没有经过这样的磨炼,是不能够成功的。

最后是"盈满亏损"的思想。这样的思想包括三个方面:第一,凡事极盛必衰的自然法则;第二,以史为鉴;第三,"自概"(抹平自我)。其中在家庭教育里比较实用的无非就是应该要关注身边的人,要关注自己的亲人,他主张亲戚之间要互相帮助,要是现在不帮助,可能以后就没有机会了。如同我们在生活中照料和孝敬父母一般,若是在你有机会孝敬父母时,你没有珍惜,没有做力所能及的事,那么以后等到父母不在身边了,再想弥补就为时已晚了。所谓"子欲养而亲不待"大概就是这样吧。

日积月累

一言既出,驷马难追。

知识拓展

大哥不好当

曾国藩现存家书一千五百多封,这些信写给堂上老人——祖父母、父母与叔父母,写给四位弟弟,写给夫人,写给子女、侄儿等,于平淡家常中,显人生之理。

信中曾国藩批改作业,引导养生,介绍书籍;从自己亲身事例出发,引导弟弟、子侄;分析国家大事、判断战场局势……

这位絮叨的曾大人,在弟弟曾国荃镇守南京,已是万军之将时,还细细叮嘱他要沉着、冷静、多思,一刻不敢忘记大哥肩负的家庭重责。

曾国藩的家规

经典原文

勤之道有五：一曰身勤。险远之路，身往验之；艰苦之境，身亲尝之。二曰眼勤。遇一人，必详细察看；接一文，必反复审阅。三曰手勤。易弃之物，随手收拾；易忘之事，随笔记载。四曰口勤。待同僚，则互相规劝；待下属，则再三训导。五曰心勤。精诚所至，金石亦开；苦思所积，鬼神亦通。五者皆到，无不尽之职矣。

——《劝诫浅语十六条·劝诫委员四条》

曾国藩的家规里，还有很出名的身勤、眼勤、手勤、口勤、心勤。

第一，身勤。

所谓身勤，便是身体力行、以身作则。

曾国藩曾说过，天子也许不用任何事都亲力亲为，但自己是一个臣子，所以任何小事都不得不亲力亲为。

在军中,他要求自己早起,不论天气如何、环境如何,他总是早早起来练兵督训,办理各项事务,没有耽搁过一天。就是这样,在曾国藩的影响下,"早起"成为军营中的无声纪律,他手下的幕僚、将领无不早起练兵。所谓言传不如身教,作为将领,以身作则,为手下做一个好榜样,这一点至关重要。

第二,眼勤。

曾国藩所谓的"眼勤"即是从细微之处识人、做事。

李鸿章训练淮军时,曾经带了三个人求见,请曾国藩分配职务给他们。刚好遇到曾国藩饭后外出散步,于是李鸿章命三人在外等候,自己进入室内。等到曾国藩散步回来,李鸿章请他传见三人。

此时,曾国藩对李鸿章说,不用再召见了,他说:"站在右边的是个忠厚可靠的人,可委派后勤补给工作;站在中间的是个阳奉阴违的人,只能给他无足轻重的工作;而站在左边的人却是个上上之材,应予重用。"

李鸿章惊讶地问原因。

曾国藩笑着说:"刚才我散步回来,走过三人面前时,右边那个人垂首不敢仰视,可见他严谨厚重,故可委派补给工作。中间那个人表面上毕恭毕敬,但我一走过,立刻左顾右盼,可见他阳奉阴违,故不可用。左边那人始终挺直站立,双目正视,不卑不亢,乃大将之材。"

曾国藩所指的左边的那位"大将之才",便是后来担任台湾巡抚、鼎鼎有名的刘铭传。

曾国藩从细微之处辨识人才,识人用人都非常准确。

第三,手勤。

曾国藩所说的"手勤"就是要养成一个好习惯。总结起来,他一生养成了三个好习惯。

一是反省。曾国藩曾说:"吾人只有进德、修业两事靠得住。进德,则孝悌仁义是也;修业,则诗文作字是也。此二者由我作主,得尺则我之尺也,得寸则我之寸也。今日进一分德,便算积了一升谷;明日修一分业,又算余了一文钱;德业并增,则家私日起。至于功名富贵,悉由命走,丝毫不能自主。"曾国藩有坚持写日记的习惯,他通过写日记反思和检查自己在做人处事方面欠妥当的地方,不断修炼自己,完善自己。

二是读书。他规定自己每天必须坚持看历史书不下十页,饭后写字不下半小时。曾国藩说:"人之气质,由于天生,很难改变,唯读书则可以变其气质。"通过坚持读书,曾国藩磨炼了自己做事持之以恒的精神;不仅增长了他的才干,也使他懂得不少为人处事的道理,助他成了一代大将。

三是写家书。曾国藩通过写家书不断训导教育弟弟和子女,在他的言传身教之下,曾家后人人才辈出。

俗话说:性格决定命运。但是性格也是由良好的习惯形成的。曾国藩养成很好的习惯,持之以恒、言传身教,以自己的行为影响着世代后人。

第四,口勤。

所谓"口勤"就是他与人的相处之道。

据说他开始同湖南巡抚骆秉章的关系并不好,起初,骆秉章对曾国藩的团练并不非常支持,当绿营与团练闹矛盾时,他总是站在绿营一边。靖港兵败,骆秉章也继续无视曾国藩的存在,并且还同长沙官员一起对他的兵败百般讥讽,幸灾乐祸。尽管如此,曾国藩对骆秉章还是采取忍让的态度,在他为父守孝后第二次出山之时,他特意到骆府拜访,像从来没有发生过什么事似的,态度既谦恭又热情。这使骆秉章大为感动,当场表示,以后湘军有什么困难,湖南当倾力相助。

曾国藩对同僚是相互规劝,对下属则是再三训导。曾国藩说:"居高位者,尤其不可盛气凌人。当思今日我处顺境,预想他日也会有处逆境之时;今日我以盛气凌人,预想他日亦有以盛气凌我之身,或凌我之子孙。"在曾国藩的耐心训导下,下属与幕僚很多都取得了辉煌的成就。

曾国藩的为人处世之道在于"己预立而立人,己欲达而达人"。这种做人处事的态度,不仅成就了曾国藩,也成就了他的学生、部属,如李鸿章、俞樾、刘铭传、胡林翼等名臣,实现了清末短暂的中兴。

第五,心勤。

曾国藩所说的"心勤"其实就是坚定的意志品质。

据说,曾国藩在小时候因为天赋不高,背诵一篇短文都要花不少时间。有一天晚上,他又在背诵一篇文章,这时候有一个小偷来到他家并潜伏在屋檐下,想等待曾国藩睡后偷点东西。于是他就在那儿等啊等,过了好几个时辰,天也快要亮了,曾国藩还在背,没有去睡的意思。小偷实在是不耐烦了,大怒,跳了出来并走到曾国藩的面前,怒气冲天地说:"你笨到这种程度还读什么书呢?"说完,他便很流利地将这篇文章背诵了一遍,扬长而去。

从曾国藩背书可以看出他那种绝不放弃的意志品质,曾国藩这种持之以恒的精神培养了他坚忍不拔的意志。曾国藩后来在平定太平军时之所以能"屡败屡战",就是这种精诚所至的信念在支撑他。从各方面下足了功夫,功到自然成。

曾国藩的故事告诉我们,懒惰就是失败的根本原因。因此我们应该以勤治惰,以勤治庸,不管是修身自律,还是为人处世,一勤天下无难事。

日积月累

千里之行,始于足下。

知识拓展

身弱之人

曾国藩从小体弱,年轻时就有多种疾病缠身,在日记中记载的相关症状就有耳鸣、眼盲、咳血、脾胃不和、肚胀、牙痛、多汗、脚肿、腰痛、眩晕、肝病等。这样一个看起来体格不怎么样的人,叱咤晚清政坛,带出了强军,打了硬仗,他是怎么做到的呢?

无非通过是磨炼意志、锻炼身体来强大自身。他不仅自己钟情于射箭,还主张家中子弟饭后千步走,在军中让士兵在操练之余早晚各做一次体操。

左宗棠家训

坚定自己

经典原文

在督署住家,要照住家规模,不可沾染官场习气、少爷排场,一切简约为主。

——《致孝同(腊五夜)》

左宗棠(1812—1885)一生清正廉洁,当其子出远门的时候,曾经写信予以教导。他的这种廉洁的品行一直延续到官场,就算惹来官场上一些官员的疏远和排挤,他依旧坚持自我。左宗棠的以身作则为后代做出了示范。

有一次,左宗棠西征凯旋回到京城,进城门时,却遇上了守门人要"开门钱"。左宗棠非常生气。在手下的劝慰下,左宗棠想,若是就这样闯进京城,会让排挤他的人抓到把柄。假如再乘机告他谋反,那么他就必死无疑了。于是,左宗棠就命人在城门外搭起帐篷,驻扎了下来。

后来,恭亲王知道了这件事情,就来到城门外,劝左宗棠把银子给门卫了事,可是左宗棠就是不给。恭亲王被气得脸红脖子粗。此时,太后等着召见左宗棠,恭亲王不得不忍气吞声替他给了那"进门钱"。

太后召见左宗棠以后,知道他清正廉洁,于是要赏赐他一副墨晶眼镜。左宗棠本以为不是什么贵重之物,就答应了。可是取东西的太监因为左宗棠没有打赏他们,于是就迟迟不肯将赏赐拿给他。

恭亲王见状又准备劝左宗棠打赏他们,可是左宗棠就是不动。于是,恭亲王又替他出了钱,让太监把那副眼镜取来送给了他。

左宗棠的故事告诉我们,只要你自己的信念坚定,没有谁能够改变你。其实,在这个世界上,有时候我们最大的敌人就是我们自己。人生在世,人其实很容易被环境或者别人影响,但关键是我们要能够时刻坚守自己的原则,内核稳定才能坚定自我。若是左宗棠也按照宫里的"规矩"做事,那么便毁了他一生的公正廉洁。所以,他哪怕得罪那些小人,也不愿意违背自己行事的原则。

人们都在做的事情不一定是对的,一定要保有自己的想法和自己的思考,千万不要人云亦云。大家都顺从的潮流,不一定是对的,一定要自己去判断,然后做出自己的选择。即便你的选择跟大众不同,也应该坚持自己的内心,不要轻易妥协。在人生之路上,最终能走远的一定是遵从自己内心、有自己主见、坚定自我的人。

日积月累

一时强弱在于力,万古胜负在于理。

> **知识拓展**
>
> **太史直书**
>
> 春秋时期,齐国大夫崔杼联合棠无咎杀了齐庄公,立庄公的弟弟杵臼(景公)为君,自己为右相。太史记录:"崔杼弑其君。"崔杼想让他把庄公的死写成"害疟疾而亡",但是太史说:"历来史官都是'直笔写史',哪能弄虚作假,欺骗世人又欺骗后人呢?"崔杼于是杀了太史。太史的弟弟继任史官,仍然按照兄长的写法记录。崔杼又杀了太史的弟弟。太史还有一个弟弟,又继任了史官,继续忠实记录。

不要以貌取人

经典原文

每一念从前倨傲之态、诞妄之谈,时觉惭赧。

——《与孝威》

左宗棠在陕甘任总督的时候,陕西布政使来见他。

布政使是个旗人,虽然知道左宗棠是一个厉害的人物,可他自觉是满人,于是说话的时候总是端着架子。

左宗棠见惯了这样的人,但是还是给他留着面子。

谈话间，布政使笑说："听说左大人治军有方，今日一见……"

左宗棠一听，不悦，于是问他："不知您指的是？"

布政使趾高气扬地说："别的不说，刚刚我步入府邸的时候，您的亲兵并没有应有的恭迎礼仪，这样不好吧？"

"有这事儿？这还了得，您别生气，我待会儿让他们给您行礼。"说着，左宗棠就小声嘱咐了一个亲兵几句，亲兵下去了。

时辰不早了，布政使要离开，他快步走向大门，想看看那些亲兵是如何恭敬地迎送自己的。

刚出门，布政使就愣住了。只见大门两边，亲兵们一律红顶花翎，着黄马褂，站成两排迎送他。而布政使也只是二品官员，这等排场他连想都没想过，也是被这架势震慑住了。可是按照清朝的礼仪，应该是他要向亲兵们行礼的。这下可好，他只有硬着头皮从那些一品顶戴的官员中间走过去。回到自己的轿子里，连忙命人赶紧起轿。

其实，左宗棠的亲兵并非简单之人，他们都是久经沙场的老兵了，官位早已经封顶，只是他们不愿意做官，也不愿意返乡，于是一直跟着左宗棠做了亲兵。

《与孝威》中的这句话反映出左宗棠对年轻时自己的不可一世的态度深感惭愧。所以，很多时候我们应该保持谦虚低调的处事态度。在生活中，我们常常会遇到一些人，他们看起来可能样貌平平，举止也没有什么特别之处，可是这些人有可能是在某方面有卓越才能的人。俗话说："人不可貌相，海水不可斗量。"千万不要凭一己之见，就轻易看低别人，当心在某一时刻别人显露出才能来，让你无地自容。保持谦虚谨慎的态度，给别人一些尊重，也给自己一条退路。

日积月累

恻隐之心,仁之端也。——《孟子》

眼见为实,耳听为虚。

知识拓展

以貌取人

孔子有两个学生,一个叫子羽,一个叫宰予,孔子对他俩的态度截然不同。子羽因为长得难看,所以孔子第一次见到他印象就不好,对他态度很冷淡,后来子羽只好退学,回去自己钻研学问。而宰予因为相貌出众,风度和口才极佳,所以孔子很喜欢他,认为他将来一定会有出息。

然而,子羽之后成为了一个很有名的学者,名声传遍诸侯;宰予却不认真学习,靠着口才在齐国做官后和别人一起作乱,被齐王处死了。孔子听到宰予的死讯,很是感慨:"从子羽身上我知道不能以外貌来衡量一个人,而宰予的事也告诉我不能凭一个人所说的话来衡量他。"

俞樾：以小不好博大好

经典原文

汝有生以来尚无大拂意之境，此日稍尝艰苦，亦文章顿挫之法。昨日得彭雪琴侍郎书，有诗云："欲除烦恼须忘我，历尽艰难好做人。"此言有味，故为汝诵之。吾尝言：人生须分三截，少年一截，中年一截，晚年一截。此三截中无一截拂逆，乃是大福全福，未易得也。三截中有两截好，已算福分矣。但此两截好须在中、晚两截方佳，若在少年、中年两截便不妙矣。必不得已，中年一截不好，犹之可也。汝少年总算顺境，但愿以中年之小不好博晚年之大好，仍不失为福慧楼中人。

——《致俞绣孙》

清末学者俞樾（1821—1907），在女儿遇事不顺时给她写了一封家书，以开导她，让她明白人生的顺境、逆境都是正常的事情。

家书中提到：

你自出生以来，并没有遇到什么不顺的境况，现在你这叫稍稍辛苦，跟写文章的抑扬顿挫是一样的。昨天收到彭侍郎（彭玉麟）的书信，信中有诗："欲除烦恼须忘我，历尽艰难好做人。"这诗意味深长，所以讲给你听。

我曾经说人生应该分为三个阶段：少年时段、中年时段、晚年时段。要是三个阶段都没有遇到什么逆境，那么就是大福，不能轻易实现。三段中有两段好，也算是有福分的了。但是好的两段，应该在中年和晚年才好，如果在少年和中年就不太好。要是不得已，中间一段不好，也还可以。你少年时期也算是顺境，但愿你用中年时期的小不好换来晚年的大好，那也不失为有福气和智慧的人了。

俞樾在教导他女儿时，把人生划分为三个阶段，告诉女儿有一个阶段不顺利、不好，这些都是正常的。也正因为这样的逆境才使得人生变得正常、圆满，就像诗文中的抑扬顿挫一样。

每个人的一生都不可能是一直顺顺利利的，总会有不顺心的时候，或者遇到挫折和逆境，我们应该以一个正确的心态来对待它们。要知道人生中的逆境总是会有的，重要的是我们要相信它不会一直存在，它总会过去。一些年轻人遇到一点挫折和麻烦就不愿意面对，就觉得人生无望。可是年轻的时候遇到困难、挫折也是好的，因为你有机会体验苦尽甘来的人生，有机会换来晚年安宁和美好。无论发生什么，终归会化为福气。所以，我们不应该抱怨人生中的不如意，而是应该接受。正如俞樾所说的那样，人生中若是有两个阶段好，那就算是很有福气了。

日积月累

有意栽花花不发,无心插柳柳成荫。

知识拓展

花落春仍在

在会试之后的复试时,对着诗题"淡烟疏雨落花天",俞樾的首句就不凡,为"花落春仍在",深得主考官曾国藩的赏识,赞道:"此与'将飞更作回风舞,已落犹成半面妆'(宋祁诗)相似,他日所至,未可量也。"俞樾也凭复试的优异表现被取为第一名。后来,俞樾在苏州的寓所就取名"春在堂",一生著述也辑为《春在堂全书》。

张之洞教子：走出去开阔眼界

> **经典原文**

汝出门去国，已半月余矣。为父未尝一日忘汝。父母爱子，无微不至，其言恨不一日不离汝，然必令汝出门者，盖欲汝用功上进，为后日国家干城之器，有用之才耳。

——《致儿子书》

张之洞(1837—1909)，晚清名臣，洋务派代表人物。他提倡兴学育才，主张改革中国传统教育，强调"西学"的重要性，这些思想在近代教育史上占有十分重要的地位。

张之洞经说过："人才贫由于见闻不广，学业不实。"他认为见多识广有助于成就事业，才能振兴国家。在他的家庭教育中，他希望孩子能够去学习西方的知识和技术，能见多识广，踏实求学。

张权是张之洞的长子，为人忠厚老实，也勤奋好学。张之洞对他宠爱有加，也对他十分严厉。光绪二十四年(1898)，张权考中了贡士，皇帝赐同进士出身，于是他准备留在户部任职。

张之洞非常高兴,不过为了儿子有更远大的发展和前途,他做了一个决定。他把儿子和儿媳都叫来,问儿子:"你知道如今国家最需要什么样的人吗?"

张权思考了一下回答说:"是能使国家富强、人民富裕的人才。"

张之洞满意地点点头,说:"如今国家最紧要的事情就是搞好洋务,所以最紧缺的便是人才,现在天下瞬息变化,洋人在多方面都超越了我泱泱中华,就连曾经向我们虚心学习的日本,也已经一跃成为东亚强国,你要是想有所作为,必须多方游历,开阔眼界,增长见识。所以,我打算让你东渡日本,好好研究日本逐步强大的原因,不知你意下如何?"

张权听了父亲的想法却迟疑了,他觉得出国留学并不是说走就走的事,况且他在户部任职,认为自己只要勤勤恳恳、洁身自好,那么自然也是能够报效国家的。

张权的妻子倒是很支持留学的想法,也认为那是为了去长见识的,所以很支持丈夫出国留学。最后,在妻子的支持下,张权决定出国。

张之洞立刻写了一封书信给广东巡抚鹿传霖,请他给儿子开一张出行公文,不至于被别人拒绝。

张权对父亲的这一举动有些疑惑,他认为湖北每年其实就有许多官派留学生,新任官员自费赴日本的也不少。只要父亲开出一纸公文,不占官府的便宜,那么就可以免了一路劳累也好早日赴日考察。为何父亲舍近求远,非要让自己从广东去呢?

对此,张之洞说明了自己的顾虑。他说:"我在湖北,每年官派去日本的留学生花费巨大,因此也常被别人说耗费了国家资源。可是他们不知道,入外国学堂一年,胜于在中国学堂学三年,要想让他们迅速成长必须得让他们多出去游历长长见识啊。所以我千方百计让士子官员出去游学,各方面压力都是很大的,若是授人口实,那么今后再施行也就更加困难了,中国的强盛也不知待到何时了。"

张权了解了父亲一番苦心之后,就立刻动身去广东了。出行前,张之洞又在给鹿传霖的那封信后添了一句话:"该员自备资斧,不领薪水。"

张权看了,表示父亲多虑了。张之洞一看儿子的态度,于是放心下来,嘱咐他去了日本要悉心学习,认真记录,不要辜负父亲的期望。

在港口码头,张之洞看着孩子远去的身影,心中不禁泛起一阵酸楚,但是为了国家以后的富强,此刻的离别又算得了什么呢!

张之洞的第三子张仁侃也在之后到日本留学。张之洞对出国远去的儿子心中十分挂念,又担心其贪玩无所学,特意写信谆谆教导,从《致儿子书》中所选的这几句话可见一斑。

人之所以能成为更优秀的人,很多时候就是因为见多识广。也许我们已经生活在一个满意的环境中,可是若是你想有更大的发展,就要跳出这个环境和圈子。外面的世界不仅能让我们看到新的东西,更重要的是,会拓宽你的眼界,给你一些新的想法,让你在面对事情的时候能够有新的思维;在为人处世的时候,不再会为一点点小事斤斤计较,心境更加宽阔。所以,我们要勇于走出自己的圈子,去看看外面更广阔的世界。

日积月累

穷则变,变则通,通则久——《周易》

近水知鱼性,近山识鸟音。

知识拓展

睁眼看世界第一人

林则徐被称为是近代中国睁眼看世界第一人。广州禁烟后,林则徐开始有意识收集外文报刊、书籍进行翻译,以求获得有价值的情报,加深对外国的了解。为了了解各国情况,他组织翻译了英国人慕瑞的《世界地理大全》,编为《四洲志》,后又将《四洲志》的资料送给好友魏源。在林则徐的嘱托下,魏源在此基础上大量搜集资料,几经增补,最终写成了《海国图志》。《海国图志》对清政府之后的洋务运动颇有影响,也对日本之后的发展起到了一定的启蒙作用,更影响到后来的明治维新。

梁启超家书数百封

经典原文

我以素来偏爱女孩之人,今又添了一位法律上的女儿,其可爱与我原有的女儿们相等,真是我全生涯中极愉快的一件事。

——《与思成、徽音书》(1928年4月26日)

你们若在教堂行礼,思成的名字便用我的全名,用外国的习惯叫作"思成梁启超",表示你以长子资格继承我全部的人格和名誉。

——《与孩子们书》(1927年12月5日)

梁启超(1873—1929)是中国近代维新派领袖、学者,对中国近代史产生了巨大的影响,也是中国近代史上少见的成功的父亲。他的九个孩子个个成才,其中三人当选院士。也许你会觉得,梁启超的子女优秀是必然的,那是因为有梁启超强大的基因,同时也有良好的成长环境,身处学问世家,耳濡目染,也就变得优秀了。有如此优秀的孩子,不能完全说与他无关,但是也未必只是基因的结果。满门才俊不可能是偶然,更不可能仅仅靠基因就可以塑造成这样。即使身为一个名人,梁启超在生活中也是一个平凡的父亲,在子女的教育问题上他是如何进行的呢?或许我们可以通过他生活中的二三事看到他子女优秀的原因。

梁启超一生给子女写了四百多封家书,总计百余万字,占他著作总量的十分之一。

这些家书,有的只有寥寥十几字,或报平安,或叙家事;有的长达几千字,与子女论时事或谈心得。内容也是涵盖了方方面面,大到政局艰难,小到个人烦忧,从吃了美味到买了好书,无不备述。

在梁启超生前,成家的仅长女长子,他的父爱也是无私地给予了女婿和儿媳。他赞女婿周希哲"是天地间堂堂(的)一个人",写信给梁思成、林徽因,表达对他们婚姻的喜悦。他还给身在国外即将结婚的长子梁思成写信给予建议。

在写给次女思庄的信中,梁启超说:"小宝贝庄庄:我想你得很,所以我把这得意之作裱成这玲珑小巧的精美手卷寄给你。你姐姐(长女思顺)呢,她老成了,不会抢你的东西,你却要提防你那两位淘气的哥哥,他们会气不忿呢,万一用起杜工部那'剪取吴淞半江水'的手段来却糟了,小乖乖,你赶紧收好吧。"

思庄在家排行第五,按理说也是容易被忽略的孩子,可是梁启超不但没有忽视她,反而以这样的语气和口吻让孩子感受到自己在父亲心中的特殊地位和父亲无尽的呵护。

梁启超对孩子的称呼如此亲昵,他在家书中也反复提到一点:

"你们须知道你爹爹是最富于情感的人,对于你们的爱情,十二分热烈。"事实也是如此,他称长女思顺"大宝贝""宝贝思顺",即使长女当时已经三十多岁,已是三个孩子的母亲了。

梁启超亲昵的称呼和对孩子们生活中每件小事的关心,让他所有的子女都感受到了父亲无微不至的关爱,他们每一个都觉得自己在父亲的心中占有一席之地并且是特殊的。梁启超这样的教育方式同时也影响着他的孩子对子女的教育,后来梁思成和林徽因养育他们的女儿时也时常通过家书和孩子沟通,字里行间也流露着满满的关怀,时而也有俏皮的话语,让人感受到他们不仅仅是父母,也是孩子的朋友。

家长的行为必然对子女的处事方式有一定影响,有时候孩子的行为不好,不能一味责怪先天的基因或者后天的环境。毕竟孩子接触最多的还是父母,有时候作为父母也应该学会把自己当成孩子,想一想作为孩子他需要的是什么样的关怀和照顾。只有真正用心去跟孩子沟通交流,才能真正赢得孩子的信任,才能以自己的真实行动去教育孩子。

如今,随着科技的发展,我们很少看到家书了。但是前人家书中字里行间流露出的浓浓情意是可以被后人感受到的,这样的感情也能够通过提笔写成的书信传达。设想:当我们不能面对面交流时,提笔写一封书信会有怎样的效果呢?

日积月累

百尺竿头,更进一步。

知识拓展

趣味主义

梁启超主张趣味主义,在他看来,劳作、游戏、艺术、学问都属于"趣味"。他说倘若用化学分解"梁启超",把里头所含的一种名叫"趣味"的元素抽出来,只怕毫无所剩。所以读梁启超给孩子们写的书信,里面趣味横生,"大宝贝""baby""老白鼻"等肉麻的称呼屡见不鲜。这样一个有趣味的父亲,恐怕才是培养满门俊杰的真正秘诀吧。

梁启超教子观：身心健康远比学业重要

经典原文

你生来体气不如弟妹们强壮，自己便当自己格外撙节补救，若用力过猛，把将来一身健康的幸福削减去，这是何等不上算的事呀。

——《与孩子们书》（1927年8月29日）

庄庄今年考试，纵使不及格，也不要紧，千万别要着急。因为她本勉强进大学，实际上是特别提高了一年，功课赶不上，也是应该的。你们弟兄姊妹个个都能勤学向上，我对于你们功课绝不责备，却是因为赶课太过，闹出病来，倒令我不放心了。

——《与顺儿书》（1928年5月13日）

在《学问之趣味》一文中，梁启超说："凡人必常常生活于趣味之中，生活有才有价值。若哭丧着脸捱过几十年，那么生命便成为沙漠，要来何用？"

相对于学业,梁启超更关心的是孩子们的身心健康。

长子梁思成总是好学不倦,用心钻研学业,一旦投入其中常处于忘我的状态。梁启超深知长子如此,于是特别担心他的身体,每次写信必要询问他们身体情况。

次女思庄初到加拿大留学时,英文有些困难,一次考试在班上仅得了第十六名,为此心中也不痛快。梁启超得知后,写信鼓励她说:"庄庄:成绩如此,我很满足了。因为你原是提高一年,和那按级递升的洋孩子们竞争,能在三十七人中考到第十六,真亏你了。好乖乖不必着急,只需用相当努力便好了。"

后来,思庄经过自己的努力,成绩也一跃成为班上的前几名,梁启超高兴之余还特意写信嘱咐。

在梁启超的关怀中,似乎一切以牺牲身体健康为代价所换来的成就都是不值当的。身处于这样的家庭中,孩子学业成绩的好坏必然是会被关注的。可是在梁启超的眼里,没有什么比子女身体健康还重要的东西。这样的关怀不仅仅给予孩子充分的信任,同时也让孩子感受到了温暖,激发了孩子奋发向上的自觉性。

反观我们当今社会中的部分父母,一味追求孩子学业上的成功,而置孩子身心发展于不顾。很多父母不在乎孩子是否能承受竞争中巨大的压力,只是不停地对孩子施压。若是成绩好,那么觉得自己求得了欣慰;若是成绩不好,则变本加厉。他们往往在意的是自己的面子,而不是孩子是否真正在健康地成长,是否找到了自己的兴趣,是否全面发展。也许,部分家长给孩子的这种压力对他们在一时的竞争中会有推动作用,也许也会让他们短暂尝到成功的滋味。但是,人的一辈子那么长,一时的小成功能保证将来当孩子面对更严酷的竞争时,也能够游刃有余地胜出吗?现在越来越多的青少年出现了心理问题,作为父母不应该反思一下自己的逼迫到底给孩子带来了什么吗?

父母的关爱应该是贯穿于孩子终生的,而不是在意一时的小成就。

日积月累

学习不怕根底浅,只要迈步总不迟。

知识拓展

为祖国健康工作五十年

"为祖国健康工作五十年。"这是清华大学时任校长蒋南翔在1957年提出的口号。清华的历史上有一条"铁"的规定:体育课不及格不能毕业。目的是让培养的毕业生有好的身体素质,能更好地为祖国服务。

户外活动、体育运动,是强健体魄的好方法,好的学习、活泼有趣的生活都是建立在此基础之上的。